FORSCHUNGSBERICHTE DES LANDES NORDRHEIN-WESTFALEN

Nr. 1354

Herausgegeben
im Auftrage des Ministerpräsidenten Dr. Franz Meyers
von Staatssekretär Professor Dr. h. c. Dr. E. h. Leo Brandt

DK 672.71:620.2

Direktor Dipl.-Ing. Hans Stüdemann
Dr.-Ing. Fritz Esselborn

Forschungsinstitut an der Fachschule für Metallgestaltung und Metalltechnik, Solingen

Untersuchungen über den Einfluß
der Wärmebehandlung
in Zusammenhang mit unterschiedlicher Herstellung
auf die Eigenschaften von rostbeständigen Messern

Springer Fachmedien Wiesbaden GmbH

ISBN 978-3-663-06528-9　　ISBN 978-3-663-07441-0 (eBook)
DOI 10.1007/978-3-663-07441-0

Verlags-Nr. 011354

© 1964 Springer Fachmedien Wiesbaden

Ursprünglich erschienen bei Westdeutscher Verlag, Köln und Opladen 1964

Inhalt

I. Vorwort 7

II. Einleitung 8

III. Beeinflussung der Gefügeausbildung durch unterschiedliche Verformung 9
    1. Vormaterial 9
    2. Verformung bei der Klingenherstellung 11
    3. Härtung der Klingen...................................... 13

IV. Die Auswirkung unterschiedlicher Gefügeausbildung auf das Verhalten des Stahles bei der Wärmebehandlung 19
    1. Härte – Härtetemperaturkurven 19
    2. Dilatometrische Untersuchungen 26
    3. Karbiduntersuchungen 27

V. Zusammenfassung 31

VI. Literaturverzeichnis 33

I. Vorwort

Der vorliegende Bericht ist die letzte Veröffentlichung von Untersuchungsergebnissen einer Forschungsarbeit über die Einflüsse unterschiedlicher Herstellungsverfahren von rostbeständigen Messern auf die qualitativen Eigenschaften der Messer. In Heft 1140 und Heft 1352 dieser Schriftenreihe wurden bereits diejenigen Probleme der Schneideigenschaftsprüfung erörtert, die im Zusammenhang mit dieser Arbeit sehr umfangreich behandelt werden mußten.
Das Heft 1353 der Schriftenreihe befaßt sich weiterhin mit den verschiedenen Herstellungsverfahren und mit der Überprüfung der Messer auf Schneideigenschaften, Korrosionsverhalten, Härte- und Gefügezustand. Abschließend sollen nun im vorliegenden Bericht die dabei gewonnenen Erkenntnisse über die Auswirkung unterschiedlicher Karbidverteilung und Karbidgröße auf das Verhalten des Stahles bei der Wärmebehandlung dargestellt werden.
Ein größerer Teil dieser Untersuchungsergebnisse wurde in der Zusammenfassung als Dr.-Ing.-Dissertation von F. ESSELBORN von der Fakultät für Bergbau und Hüttenwesen der Rheinisch-Westfälischen-Technischen-Hochschule Aachen genehmigt. Herr Dr. phil. A. ROSE hat sich liebenswürdigerweise der wissenschaftlichen Betreuung dieser Dissertation gewidmet, wofür ihm auch an dieser Stelle ganz besonders gedankt sei.
Weiterhin gebührt besonderer Dank Herrn Professor Dr. phil. F. WEVER und Herrn Professor Dr. phil. habil. W. OELSEN, durch deren persönlichen Einsatz ein enger Kontakt des Forschungsinstitutes zum Max-Planck-Institut für Eisenforschung geschaffen wurde, so daß insbesondere die in diesem Bericht beschriebenen Versuche durch Benutzung von Einrichtungen dieses Institutes weit über den Rahmen der Möglichkeiten des Solinger Institutes hinaus bearbeitet werden konnten.
Nicht zuletzt seien in den Dank eingeschlossen die Firmen, die in entgegenkommender Weise das erforderliche Material zur Verfügung gestellt und die Herstellung der Klingen übernommen haben.

II. Einleitung

Für die Beurteilung der qualitativen Eigenschaften von Messerklingen sind im Hinblick auf den Verwendungszweck in erster Linie Prüfungen der Schneideigenschaften erforderlich. Sobald es sich um Messer aus rostbeständigem Stahl handelt, ist außerdem die Korrosionsbeständigkeit als wesentliches Merkmal mit hinzuzuziehen. Weiterhin spielt auf Grund der Härtungsbehandlung auch die Härteprüfung eine bedeutende Rolle. Wenn auch mit den Ergebnissen dieser Prüfungen der Praxis in den meisten Fällen bereits ausreichende Unterlagen für Aussagen über die Qualität der Messer zur Verfügung stehen, so bedarf doch die Erforschung bestimmter Einflußgrößen mit ihrer Wirkung auf die Qualität der Klingen zur weitergehenden Klärung zusätzlicher kennzeichnender Angaben. Hierzu gehört in besonderem Maße der Einsatz metallographischer Prüfverfahren, da sich durch diese häufig erst die Ursachen der mit den anfangs angeführten Prüfverfahren festgestellten Eigenschaftsänderungen erfassen lassen.

Im Laufe der Untersuchungen über den Einfluß unterschiedlicher Herstellungsverfahren bei der Fertigung rostbeständiger Tafelmesser auf die Messerqualität [1] ist den verschiedenen Fertigungsabläufen durch Gefügeuntersuchungen nachgegangen worden. Es hat sich gezeigt, daß insbesondere die Karbidverteilung und Karbidgröße und dadurch das Karbidauflösungsvermögen bei der Wärmebehandlung unterschiedlich ist bzw. beeinflußt wird. Bei Anwendung der üblichen Härtung konnte eine Rückwirkung auf die für die Praxis interessanten Eigenschaften nicht nachgewiesen werden.

Erst in weiterführenden Versuchen über die Wärmebehandlung der auf verschiedene Weise hergestellten Messer ergaben sich Unterschiede, die mit den beobachteten Gefügeausbildungen in Zusammenhang stehen. Über diese Versuche und die daraus erhaltenen Ergebnisse und Erkenntnisse soll nachfolgend berichtet werden.

III. Beeinflussung der Gefügeausbildung durch unterschiedliche Verformung

1. Vormaterial

Für die Versuche standen Vormaterialien, die alle aus einer Charge stammten, in folgenden Abmessungen zur Verfügung:

1. Flachmaterial 65×6,5 mm aus einem gewalzten Knüppel (ca. 65 mm) in einer Hitze *geschmiedet*.
2. Flachmaterial 65×6,5 mm aus einem gewalzten Knüppel (ca. 65 mm) in einer Hitze *gewalzt*.
3. Doppelkonisches Material 52×2 mm in zwei Hitzen aus einem gewalzten Knüppel (ca. 65 mm) gewalzt.

Das Material hatte folgende chemische Zusammensetzung:

C = 0,45% Cr = 14,1%
Si = 0,23% Ni = 0,23%
Mn = 0,32%

Diese Analyse entspricht dem unter der Werkstoffnummer 4034 gehandelten rostbeständigen Chromstahl.

Die Abb. 1–6 zeigen das Gefüge dieser Stähle. Man erkennt, daß die Primärkorngröße, kenntlich durch Karbidausscheidungen an den Primärkorngrenzen, bei den gewalzten Materialien (Abb. 1 und 5) weitaus kleiner als bei dem durch

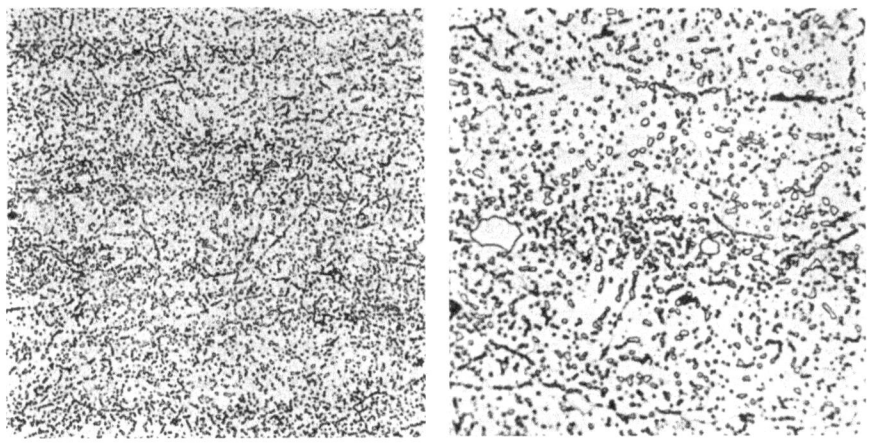

Abb. 1 500:1 Abb. 2 1000:1

Abb. 1 und 2 Gefüge des gewalzten Vormaterials

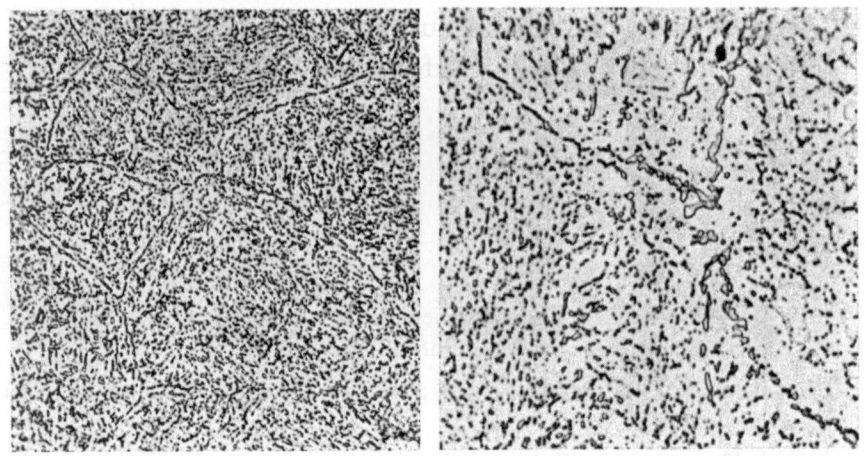

Abb. 3   500:1   Abb. 4   1000:1
Abb. 3 und 4   Gefüge des geschmiedeten Vormaterials

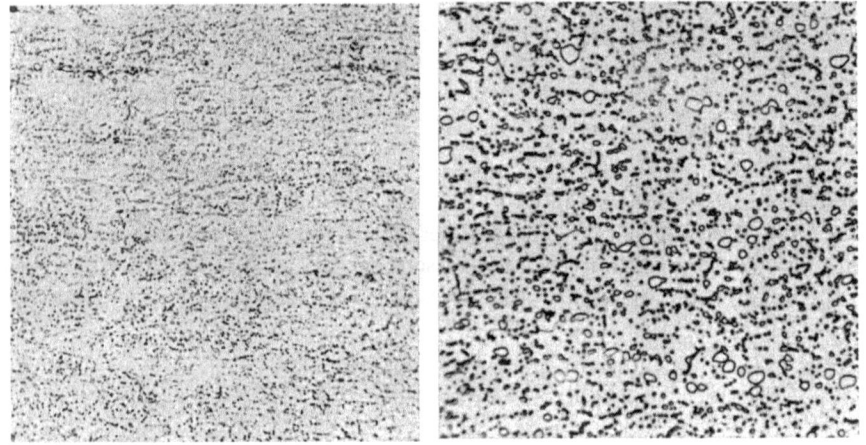

Abb. 5   500:1   Abb. 6   1000:1
Abb. 5 und 6   Gefüge des doppelkonisch gewalzten Bandmaterials

Schmieden verformten Stahl (Abb. 3) ist. Weiterhin zeigt sich im geschmiedeten Material eine weitgehend gleichmäßige Verteilung der Karbide, wogegen sich streifige Karbidanhäufungen im gewalzten Flachmaterial (Abb. 1) und zeilige Anordnung größerer Karbide im doppelkonisch gewalzten Band feststellen lassen (Abb. 5). Bei stärkerer Vergrößerung zeigte sich außerdem, daß beim doppelkonischen Material (Abb. 6) ein Teil der Karbide merklich größer ist. Vereinzelt ist dies auch beim gewalzten Flachmaterial (Abb. 2) noch festzustellen, nicht aber beim geschmiedeten (Abb. 4).

Die Auswirkung der hier beobachteten Unterschiede wird an anderer Stelle noch eingehend besprochen.

Inwieweit die Gefügeausbildungen typisch für die verschiedenen Verformungsarten sind, ist im Rahmen dieser Arbeit nur von nebensächlicher Bedeutung, da vorab die Gefügeunterschiede als gegeben vorausgesetzt werden und ihre Auswirkungen bei weiterer Bearbeitung untersucht werden sollen.

2. Verformung bei der Klingenherstellung

Während aus dem doppelkonisch gewalzten Bandmaterial Messerklingen nur ausgeschnitten zu werden brauchen, wird aus dem Flachmaterial erst durch verschiedene Verformungsvorgänge die Klinge hergestellt. Das Schema in Abb. 7 möge die verschiedenen Herstellungsverfahren und die einzelnen Arbeitsstufen zeigen.

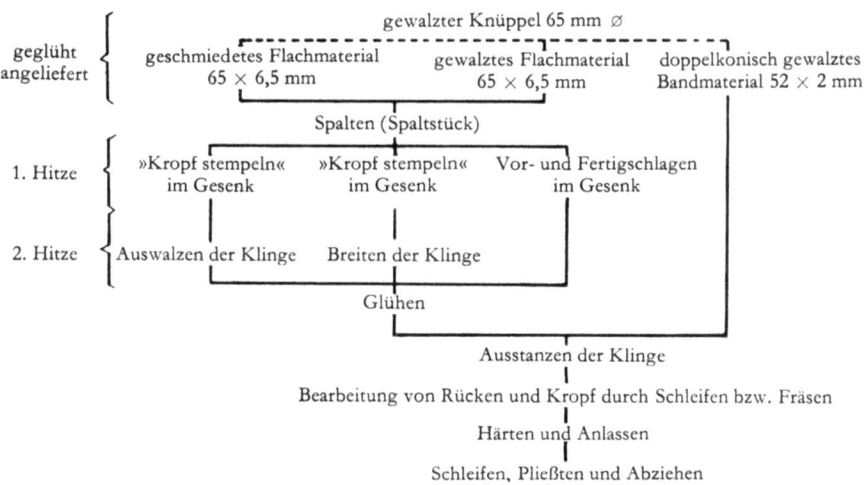

Abb. 7   Schematische Darstellung des Fertigungsablaufes nach den verschiedenen Verfahren

Die angeführten drei Verfahren unterscheiden sich in wesentlichen Punkten voneinander. So wird beim Herstellen der Klinge durch Walzen das Material vorwiegend gelängt, wogegen beim »Breiten« und Gesenkschmieden eine Breitung erfolgt. Bei der Herstellung der Klingen durch Breiten und Walzen ist zu beachten, daß im Gegensatz zum Schmieden im Gesenk eine zweimalige Erwärmung erforderlich wird.

Die unterschiedliche Art der Verarbeitung läßt vermuten, daß bei den Verarbeitungsvorgängen unter anderem auch die Gefügeausbildung, insbesondere die Karbidanordnung und -verteilung, beeinflußt wird.

Es ist hier nicht der Raum, die verschiedenen Verformungsvorgänge im einzelnen zu verfolgen. Darüber wurde an anderer Stelle schon berichtet [1]. Hier interessiert nur der Endzustand des Materials, von dem aus die Wärmebehandlung erfolgt.

Bei dem vorliegenden Stahl handelt es sich um ein lufthärtendes Material, so daß als erstes vor den weiteren mechanischen Bearbeitungsvorgängen ein Weichglühen erfolgen muß. So wurden sämtliche nach den verschiedenen Verfahren hergestellten Klingen gleichzeitig in einem elektrisch beheizten Luftumwälzofen geglüht. Die Glühung erfolgte nach ca. 3 Stunden Aufheizzeit über 5 Stunden bei einer Temperatur von 830°C, mit einer anschließenden normalen Ofenabkühlung über ca. 15 Stunden bis auf ca. 400°C.

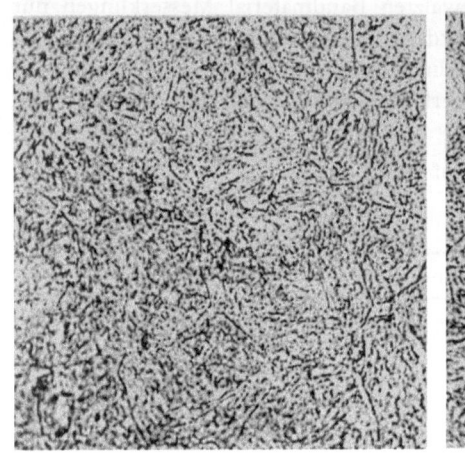

Abb. 8   Vormaterial geschmiedet, 500:1

Abb. 9   Vormaterial gewalzt, 500:1

Abb. 8 und 9   Glühgefüge der gewalzten Klingen

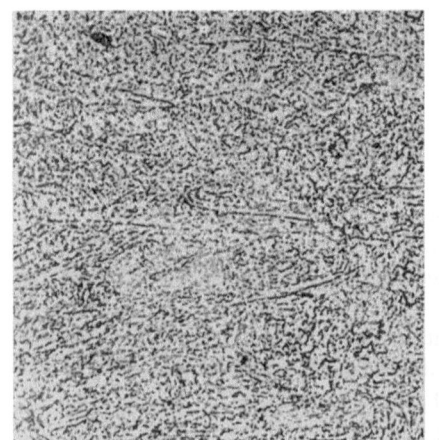 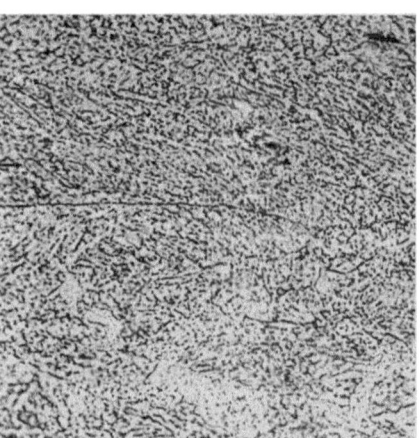

Abb. 10   Vormaterial geschmiedet, 500:1

Abb. 11   Vormaterial gewalzt, 500:1

Abb. 10 und 11   Glühgefüge der gebreiteten Klingen

In den Abb. 8–13 sind die Gefüge nach dem Glühen des Stahles wiedergegeben. Das Gefüge wurde beurteilt an Proben, die aus Klingen entnommen wurden, die sowohl aus geschmiedetem wie aus gewalztem Flachmaterial nach den drei verschiedenen Verfahren hergestellt waren. Die Gefügebilder lassen erkennen, daß in der Karbidgröße keine Unterschiede vorhanden sind. Die Karbidverteilung ist in allen Fällen ziemlich gleichmäßig und eine Zeiligkeit nicht festzustellen. Allerdings ist eine zeilige oder streifige Anordnung im Glühzustand des Gefüges durch die so starke Durchsetzung mit Karbiden nur schwierig nachzuweisen, wogegen sie nach dem Härten durch die Auflösung einer großen Menge der Karbide weit deutlicher hervortritt [2]. Die einzige Unterscheidung, die sich hier treffen läßt, ist auf Grund der Markierung der Austenitkorngrenzen durch Karbide gegeben. Sie zeigt, daß bei der Massenherstellung durch Walzen (Abb. 8 und 9) ein recht großes Primärkorn vorliegt. Das Breiten der Klingen hat zu einer starken Kornstreckung geführt (Abb. 10 und 11). Bei den im Gesenk geschlagenen Klingen ist ein feineres Primärkorn erkennbar. Über die Ursachen dieser Unterschiede ist an anderer Stelle [1] eingehender berichtet worden.

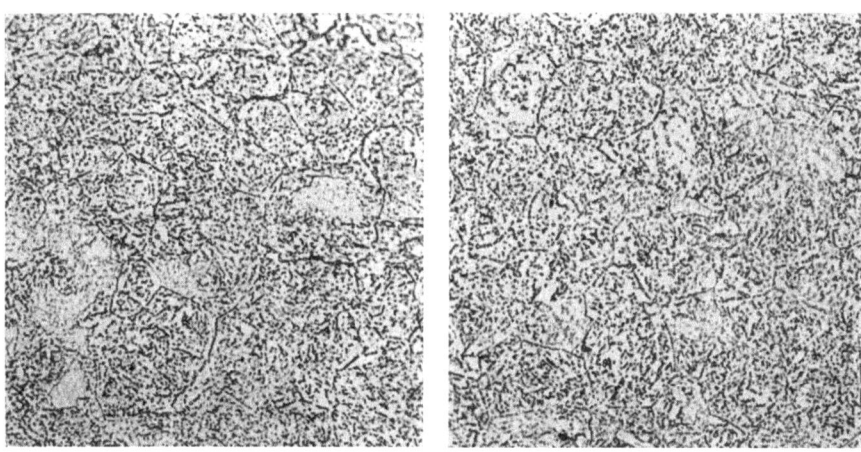

Abb. 12 Vormaterial geschmiedet, 500:1

Abb. 13 Vormaterial gewalzt, 500:1

Abb. 12 und 13 Glühgefüge der im Gesenk geschlagenen Klingen

3. Härtung der Klingen

Die im vorstehenden Abschnitt beschriebenen Glühgefüge liegen der nachfolgenden Härtungsbehandlung zugrunde. Es ist dabei zusätzlich das Glühgefüge des doppelkonischen Materials (Abb. 5) mit in die Betrachtungen einzubeziehen, welches sich deutlich durch den Anteil größerer Karbide von den anderen Gefügen unterscheidet.

Um Einflüsse durch unterschiedliche Härtung zu vermeiden, wurden Proben aus allen sieben Sorten gleichzeitig 20 min bei 850°C vorgewärmt und dann nach 10 min Erwärmungs- und Haltezeit aus einem Elektrodensalzbad von 1050°C in Öl abgeschreckt. Die Härteprüfung ergab für alle Proben übereinstimmend HRC = 59–60.

Die Gefügeausbildung nach der Härtung ist den Abb. 14–20 zu entnehmen. Im großen und ganzen sind mit Ausnahme des doppelkonischen Materials kaum noch Unterschiede festzustellen. Die etwas unterschiedliche Karbidlösung kann mit der Vorbehandlung nicht mehr in eindeutigen Zusammenhang gebracht werden. Demgegenüber ist in geringem Maße bei einigen Proben eine Zeiligkeit

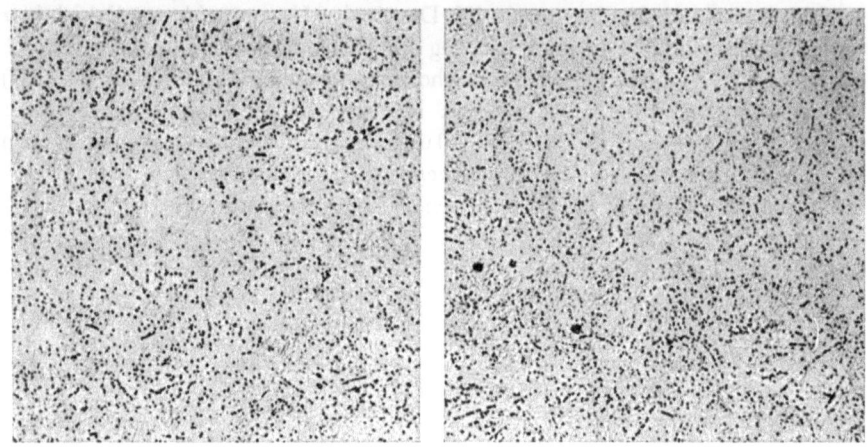

Abb. 14   Vormaterial geschmiedet, 500:1

Abb. 15   Vormaterial gewalzt, 500:1

Abb. 14 und 15   Gefüge der gewalzten Klingen nach dem Härten

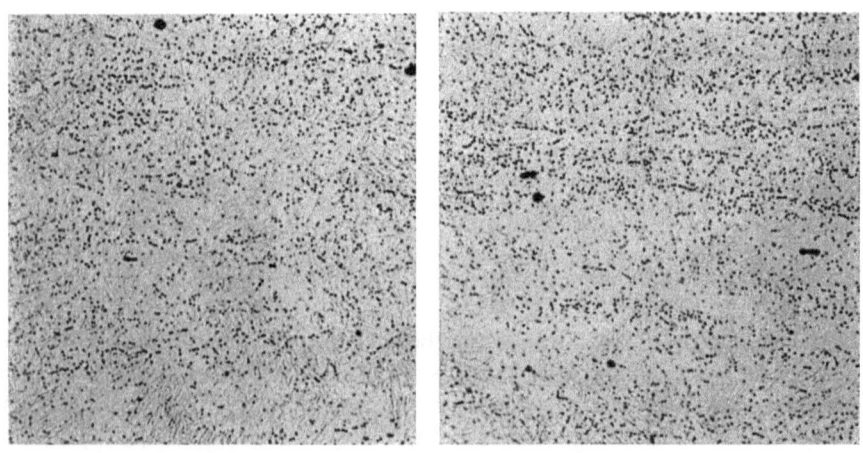

Abb. 16   Vormaterial geschmiedet, 500:1

Abb. 17   Vormaterial gewalzt, 500:1

Abb. 16 und 17   Gefüge der gebreiteten Klingen nach dem Härten

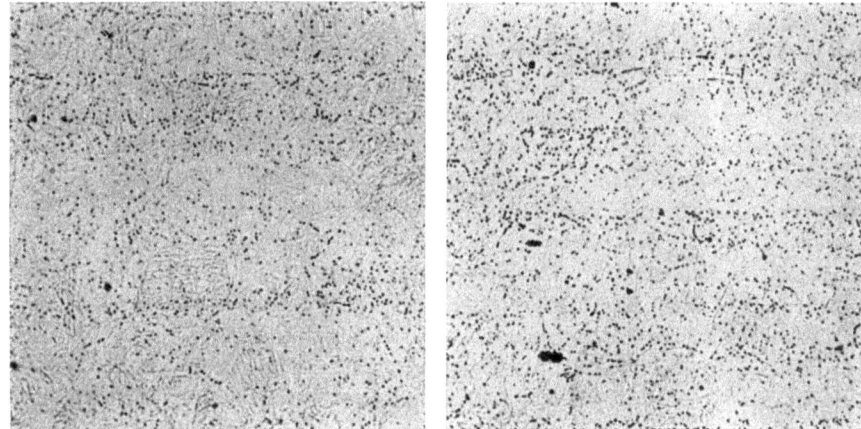

Abb. 18   Vormaterial geschmiedet, 500:1

Abb. 19   Vormaterial gewalzt, 500:1

Abb. 18 und 19   Gefüge der im Gesenk geschlagenen Klingen nach dem Härten

Abb. 20   Gefüge der aus doppelkonischem Bandmaterial gefertigten Klingen nach dem Härten
500:1

festzustellen, die bis auf das gewalzte Ausgangsmaterial zurückgeführt werden kann. Diese Zeiligkeit zeigt sich dabei am deutlichsten noch bei den gebreiteten (Abb. 17) und den geschlagenen Klingen (Abb. 19), während sie bei den gewalzten Klingen (Abb. 15) kaum feststellbar ist. Deutlich unterscheidet sich von diesen Gefügen das des doppelkonischen Materials (Abb. 20). Wie vom Glühgefüge her nicht anders zu erwarten, zeigt sich hier eine deutliche Zeilenanordnung der Karbide und eine Anzahl wesentlich größerer Karbide.

Wie die Gefügebilder veranschaulichen, sind also gewisse, wenn auch nur geringfügige Unterschiede in der Gefügeausbildung vorhanden. Bei der hier durchgeführten Härtung konnte jedoch kein Einfluß des Gefüges auf andere Eigenschaften, wie Härte, Korrosionsbeständigkeit, Schneideigenschaften, festgestellt werden. Interessant ist, daß im Hinblick auf die z. T. festgestellte Zeiligkeit, trotz der erfolgten intensiven Warmformgebungsvorgänge, noch ein Zusammenhang mit dem Ausgangsmaterial zu bestehen scheint. Diese Abhängigkeit schien sich auch an anderer Stelle bemerkbar zu machen.

Die nach verschiedenen Verfahren hergestellten Klingen waren in großer Zahl betriebsmäßig in einem elektrisch beheizten Vier-Kammer-Ofen gehärtet und dann gemeinsam bei 200°C 30 min angelassen worden. Nach anfänglichen Einzelüberprüfungen der Härte dieser Klingen hatte sich ziemlich bald herausgestellt, daß bei der Härtung Unterschiede aufgetreten sein müssen. Aus diesem Grunde wurde die Härte sämtlicher Klingen mit rd. zehn Einzelprüfungen je Klinge geprüft. Die Gesamtheit dieser Ergebnisse ist nach den einzelnen Herstellungs-

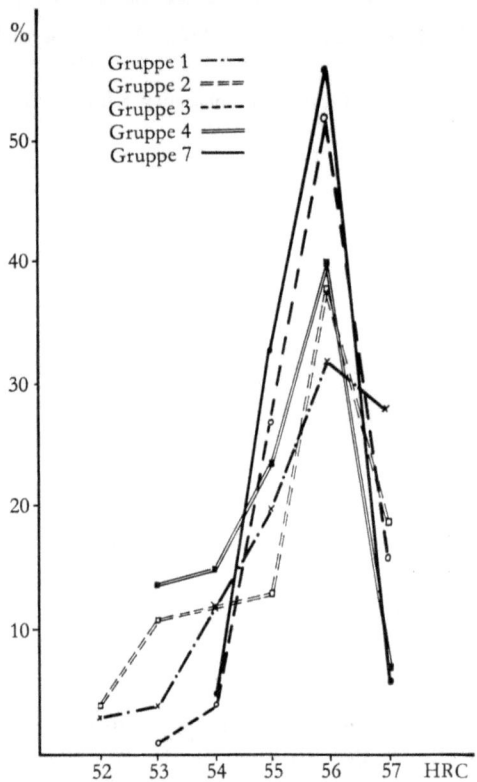

Abb. 21 Statistische Verteilung der Ergebnisse von Härteprüfungen an Messern verschiedener Herstellungsarten
Gruppe 1: Vormaterial geschmiedet, Klingen gewalzt
Gruppe 2: Vormaterial gewalzt, Klingen gewalzt
Gruppe 3: Vormaterial geschmiedet, Klingen gebreitet
Gruppe 4: Vormaterial gewalzt, Klingen gebreitet
Gruppe 7: Klingen aus doppelkonischem Bandmaterial

gruppen getrennt statistisch ausgewertet worden. Die Häufigkeiten der einzelnen Härtewerte sind für die gewalzten, gebreiteten und die aus doppelkonischem Bandmaterial gefertigten Klingen in Abb. 21 aufgetragen. Bemerkenswerterweise sind sich die Streukurven der Klingen aus dem jeweils gleichen Vormaterial – unabhängig von der Klingenherstellung – sehr ähnlich und unterscheiden sich deutlich von den Ergebnissen der Klingen aus anderem Vormaterial.

Die vorher an den Proben durchgeführte Versuchshärtung hatte keine so großen Härtestreuungen wie bei diesen Prüfungen ergeben, so daß angenommen werden muß, daß die betriebsmäßige Härtung aller Klingen ungleichmäßig erfolgt ist. Darüber sind im Bericht über die Einflüsse unterschiedlicher Herstellungsverfahren [1] weitere Angaben gemacht worden, auch konnte an Beispielen diese Ungleichmäßigkeit nachgewiesen werden.

Um die Größenordnung der Streuung zu kennzeichnen, sei am folgenden Beispiel gezeigt, in welchem Ausmaß solche Unterschiede bei einer im Betrieb als gleichmäßig erachteten Härtung auftreten können. In den Abb. 22 und 23 ist das Gefüge zweier Messer der gleichen Herstellung gezeigt, die mit den gesamten

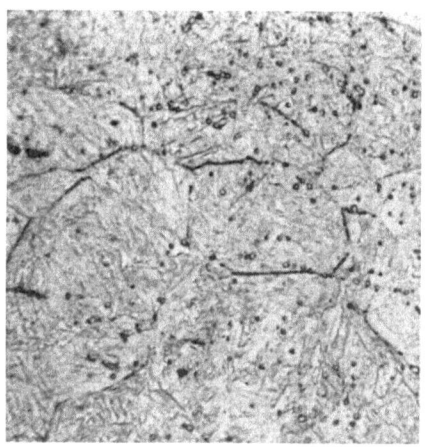

Abb. 22
Gefüge einer aus geschmiedetem Vormaterial gebreiteten Klinge mit normalen Schneideigenschaften
1000:1

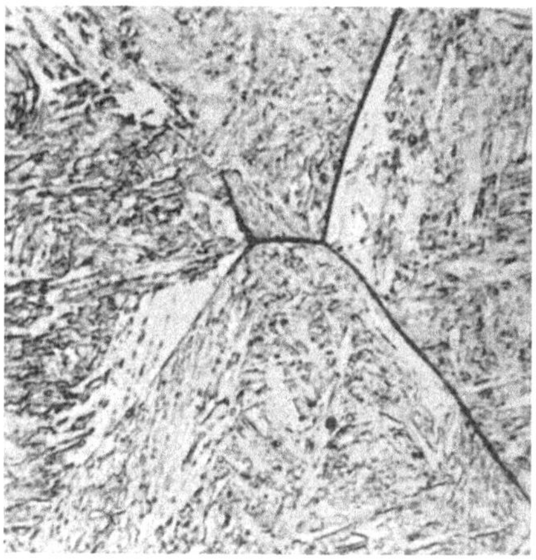

Abb. 23
Gefüge einer aus geschmiedetem Vormaterial gebreiteten Klinge mit schlechten Schneideigenschaften
1000:1

anderen Messern im Betrieb gehärtet worden sind. Während das Gefüge der Abb. 22 das übliche Gefüge der hier behandelten Stähle aufweist, zeigt Abb. 23 ein deutlich überhitztes Gefüge, bei dem sämtliche Karbide gelöst sind und bei dem eine starke Grobkornbildung festzustellen ist. Überraschenderweise ist bei der Härteprüfung kein Unterschied vorhanden gewesen, während das überhitzte Messer deutlich schlechtere Schneideigenschaften zeigte [3].

Wie beschrieben, führten bei der Betriebshärtung die Unterschiede der Wärmebehandlung auch zu Streuungen der Härte, die eine Zuordnung zum Gefügezustand des Materials erkennen ließen. Diese Feststellungen ließen vermuten, daß über die übliche Härtung hinaus die Unterschiede der Karbidverteilung trotz ihrer Geringfügigkeit dennoch bei der Wärmebehandlung spürbar werden können. Über weitere Versuche zur Klärung dieser Fragen soll im folgenden berichtet werden.

IV. Die Auswirkung unterschiedlicher Gefügeausbildung auf das Verhalten des Stahles bei der Wärmebehandlung

1. Härte-Härtetemperaturkurven

Wie die im vorstehenden besprochenen Ergebnisse erkennen lassen, scheinen die Unterschiede in der Gefügeausbildung des Vormaterials, insbesondere die verschiedenen Karbidverteilungen und -größen, trotz der nachfolgenden Warmformgebung mehr oder weniger stark erhalten geblieben zu sein.
Bei gleichmäßiger Härtung der Proben von der üblicherweise bei diesem Stahl angewandten Temperatur (1050° C) haben sich keine Unterschiede in der Härteannahme gezeigt. Demgegenüber traten bei der etwas ungleichmäßigen Härtung der Klingen im Betrieb Streuungen in den Härtewerten auf, die einen gewissen Zusammenhang mit dem Vormaterial erkennen ließen. Daher lag es nahe, zunächst einmal an Proben der drei verschiedenen Herstellungsarten das Härtungsverhalten durch die Aufstellung von Härte-Härtetemperatur-Kurven zu kennzeichnen.
Bei einem Vergleich mit der statistischen Härteverteilung sei zunächst darauf hingewiesen, daß die Absolutwerte bei den Härte-Härtetemperatur-Kurven höher liegen, weil einmal die Proben nicht angelassen sind (im Gegensatz zu den Messern) und zum anderen die Härteprüfung nach VICKERS mit einer Prüflast von 10 kp durchgeführt und die Ergebnisse dann nach der DIN-Vergleichstabelle auf HRC umgerechnet wurden.
Die Ergebnisse sind zusammengefaßt in Abb. 24 wiedergegeben. Der Anstieg der Kurven zeigt in der Härte eine gewisse Abweichung des doppelkonischen Materials von den anderen Proben. Dieser Unterschied ist jedoch mit 2 RC bei

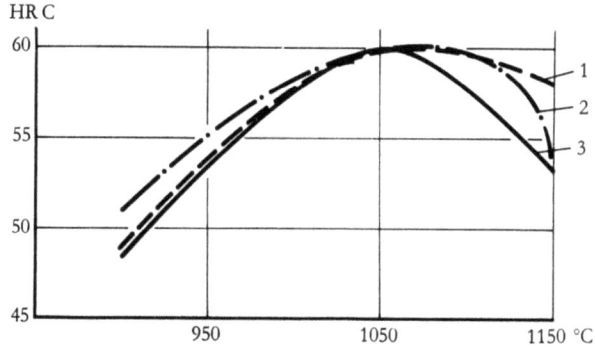

Abb. 24 Härte-Härtetemperatur-Kurven für
1. geschmiedetes Flachmaterial
2. gewalztes Flachmaterial
3. doppelkonisch gewalztes Material

den von 950°C gehärteten Proben nicht sehr wesentlich, und er verringert sich mit steigender Härtetemperatur, bis bei 1050°C kein Härteunterschied mehr vorliegt. Das war ebenfalls bereits in den vorangegangenen Versuchen festgestellt worden.

Die Gefügeausbildung der von 1050°C gehärteten Proben zeigt jedoch, daß trotz gleicher Härteannahme dennoch Unterschiede, besonders in der Karbidgröße, vorliegen. So weisen die beiden gewalzten Materialien (Abb. 25 und 26) deutlich größere Karbide auf als das geschmiedete Material (Abb. 27).

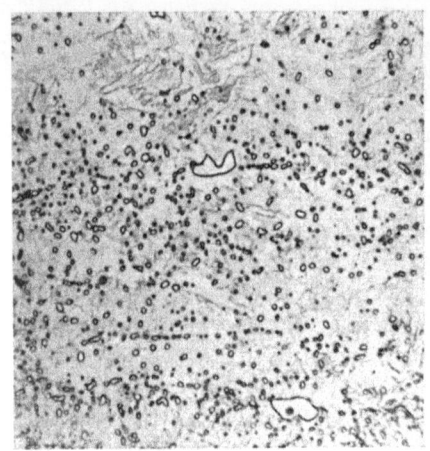 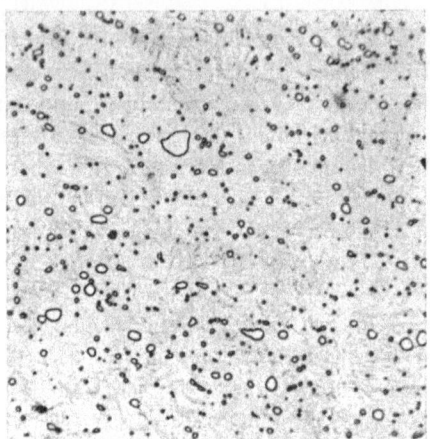

Abb. 25 Gefüge des gewalzten Vormaterials nach dem Härten 15 min/1050°C/Öl 1000:1

Abb. 26 Gefüge des doppelkonisch gewalzten Materials nach dem Härten 15 min/1050°C/Öl 1000:1

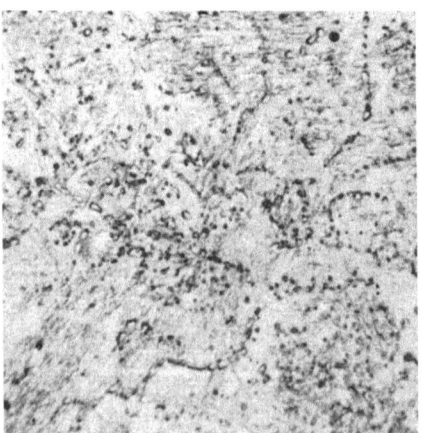

Abb. 27 Gefüge des geschmiedeten Vormaterials nach dem Härten 15 min/1050°C/Öl 1000:1

Weiterhin ließ sich an Hand der Härte-Härtetemperatur-Kurven erkennen, daß das doppelkonische Material im Maximum bei 1070°C eine etwas höhere Härte annimmt. Das mag erklären, daß in der statistischen Härteverteilung bei diesem Material der höchste Härtewert einen so beachtlich hohen Prozentanteil ausmacht.

Bei Überschreitung der üblichen Härtetemperatur von 1050°C zeigen sich nun aber deutliche Unterschiede der einzelnen Materialien. So erfährt das gewalzte Material bereits kurz nach Überschreiten dieser Temperatur einen steilen Härteabfall. Die Ungleichmäßigkeit der Härtung der Klingen muß demzufolge zu größeren Streuungen in der Härte führen, da ein geringes Über- oder Unterschreiten der Temperatur von 1050°C bereits geringere Härteanahme bedingt. Das entspricht auch deutlich den Ergebnissen der statistischen Härteverteilung, bei der die Klingen aus gewalztem Vormaterial größere Anteile an niedrigeren Härtewerten aufweisen. Im Gegensatz dazu steht das geschmiedete Vormaterial, welches selbst bis zu 1150°C keinen stärkeren Härteabfall zeigt. Schwankungen in der Härtetemperatur, insbesondere Temperaturüberschreitungen, führen demgemäß nicht gleich zu einer Härteminderung. Dies deckt sich ebenfalls mit den Ergebnissen der statistischen Härteverteilung.

Hier sei auch noch einmal auf das in Abschnitt III.3 gegebene Beispiel für die Ungleichmäßigkeit der Härtung im Betrieb hingewiesen. Dabei hatte das einwandfrei überhitzte Messer (Abb. 23) nicht durch eine geringere Härte bei der Härteprüfung erkannt werden können, wie es hätte erwartet werden müssen. Dieses Messer war aus geschmiedetem Vormaterial hergestellt worden. Bei der Betrachtung der Härte-Härtetemperatur-Kurven dieses Materials wird erkenntlich, warum hier die Härteprüfung diesen Materialfehler nicht angezeigt hat.

Im Verlauf der Härte-Härtetemperatur-Kurve des doppelkonischen Bandmaterials ist nach Überschreitung des Maximums ebenfalls ein stärkerer Härteabfall festzustellen, der allerdings erst bei einer höheren Temperatur einsetzt, als dies bei dem gewalzten Vormaterial der Fall ist.

Zur weiteren Klärung sind in den Abb. 28–36 die Gefüge der Proben wiedergegeben, die von 1050, 1100 und 1150°C gehärtet wurden.

Bei 1050°C zeigen die Gefüge die geringste Unterscheidung (Abb. 28–30). Einzig in der Karbidverteilung und Karbidgröße differieren die Bilder etwas. Bei den gewalzten Werkstoffen liegen verschiedene größere Karbide vor, auch ist beim Vormaterial eine deutliche Zeiligkeit zu erkennen (Abb. 29). Interessant ist bei dem geschmiedeten Vormaterial die Markierung von Zwillingsstreifungen durch Karbide (Abb. 28). Die Ausdehnung dieser Streifen zeigt, daß in irgendeiner Vorbehandlungsstufe während der Verformung ein sehr großes Korn vorgelegen haben muß.

Die Gefüge der von 1100°C gehärteten Proben zeigen eine weitere Karbidauflösung. Während das geschmiedete Vormaterial (Abb. 31) und auch das doppelkonische Bandmaterial (Abb. 33) noch ein ziemlich gleichmäßiges Gefüge aufweisen, liegen beim gewalzten Vormaterial (Abb. 32) bereits fast karbidfreie Zeilen vor.

Wie die Härte-Härtetemperatur-Kurven zeigen, haben diese Ungleichmäßigkeiten

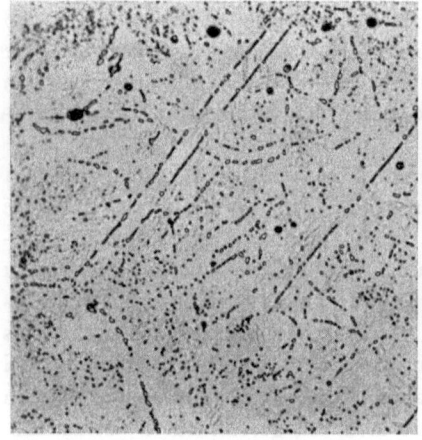
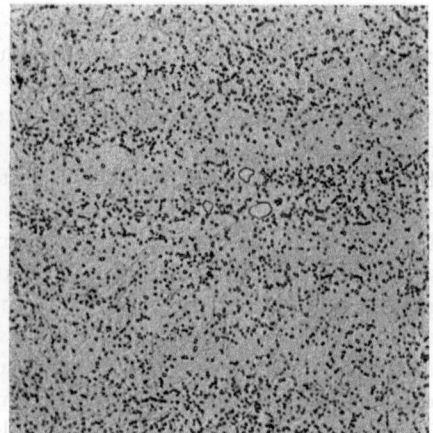

Abb. 28
Gefüge des geschmiedeten Vormaterials
nach dem Härten
15 min/1050°C/Öl
500:1

Abb. 29
Gefüge des gewalzten Vormaterials
nach dem Härten
15 min/1050°C/Öl
500:1

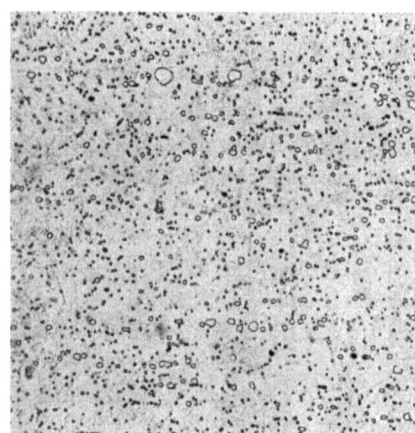
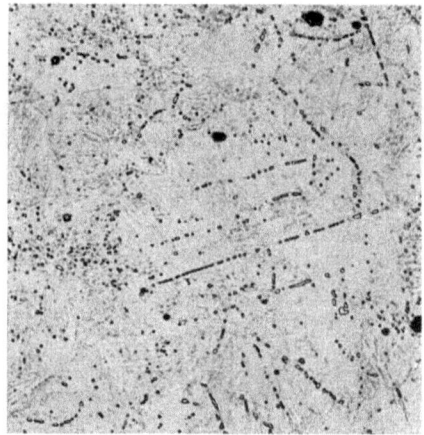

Abb. 30
Gefüge des doppelkonisch gewalzten
Materials nach dem Härten
15 min/1050°C/Öl
500:1

Abb. 31
Gefüge des geschmiedeten Vormaterials
nach dem Härten
15 min/1100°C/Öl
500:1

auf die Makrohärte Einfluß. Das zeigt sich besonders bei den Gefügen der bei 1150°C gehärteten Proben. Bei dieser Härtetemperatur ist eine vollständige Auflösung der Karbide eingetreten, die bei dem geschmiedeten Vormaterial (Abb. 34) ziemlich gleichmäßig erfolgt ist, wobei sich eine noch recht hohe Härte von

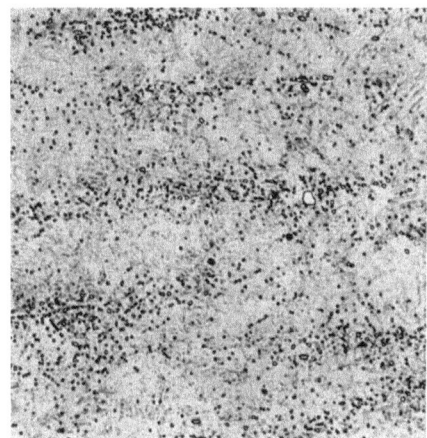
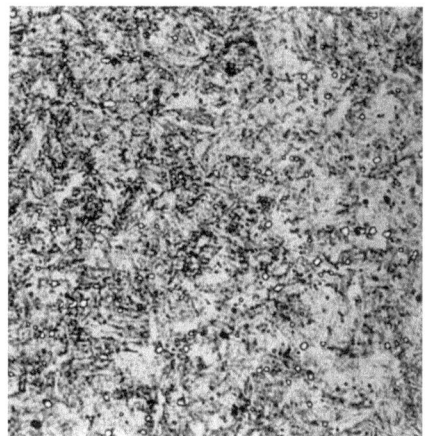

Abb. 32
Gefüge des gewalzten Vormaterials nach dem Härten
15 min/1100°C/Öl
500:1

Abb. 33
Gefüge des doppelkonisch gewalzten Materials nach dem Härten
15 min/1100°C/Öl
500:1

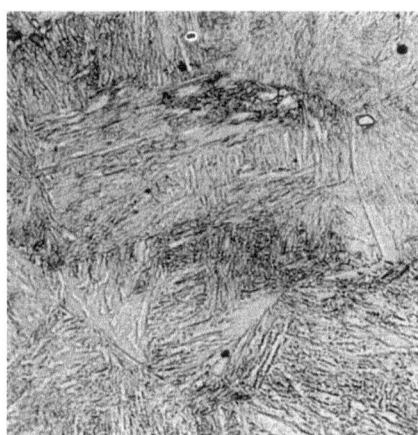
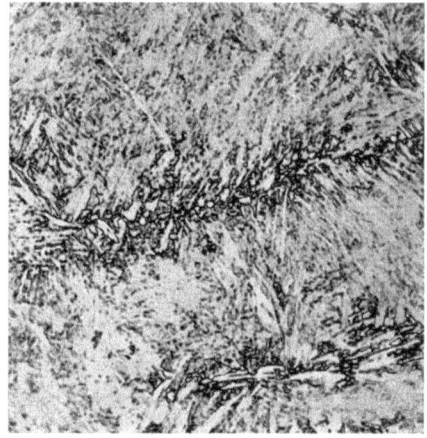

Abb. 34
Gefüge des geschmiedeten Vormaterials nach dem Härten
15 min/1150°C/Öl
500:1

Abb. 35
Gefüge des gewalzten Vormaterials nach dem Härten
15 min/1150°C/Öl
500:1

58 RC ergab. Bei dem gewalzten Vormaterial (Abb. 35) haben sich dagegen zeilige Konzentrationsunterschiede und damit entsprechende Unterschiede im Restaustenitgehalt ergeben, die zu einem Abfall der Härte auf 54 RC geführt haben. Beim doppelkonischen Material (Abb. 36) sind restliche Karbide

Abb. 36 Gefüge des doppelkonisch gewalzten Materials nach dem Härten
15 min/1150°C/Öl
500:1

noch immer nicht gelöst. Auch hier dürfte es dadurch zu unterschiedlichen Legierungskonzentrationen gekommen sein, die sich nunmehr in einem Abfall der Härte bis auf 54 RC äußern.

Es war weiterhin interessant, die Wirkung der verschiedenen Warmformgebungsvorgänge auf das Verhalten des geschmiedeten und gewalzten Vormaterials zu untersuchen. So sind die Härte-Härtetemperatur-Kurven der aus geschmiedetem Vormaterial nach den verschiedenen Formgebungsverfahren weiter verarbeiteten Proben in Abb. 37 aufgezeigt. Es sind keine nennenswerten Unterschiede im

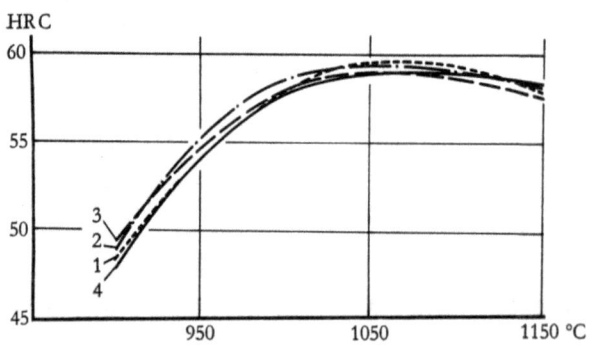

Abb. 37 Härte-Härtetemperatur-Kurven von Proben aus geschmiedetem Vormaterial

Verlauf dieser Kurven festzustellen. Bei Betrachtung der Härtungsgefüge dieser Proben (Härtetemperatur 1050°C) – Abb. 14 für gewalzte, Abb. 16 für gebreitete und Abb. 18 für im Gesenk geschmiedete Klingen – zeigen sich dementsprechend gut vergleichbare Karbidverteilungen und -anordnungen.

Das gewalzte Vormaterial wird jedoch, wie die Härte-Härtetemperatur-Kurven in Abb. 38 zeigen, durch die nachfolgenden Verformungsvorgänge deutlicher beeinflußt.

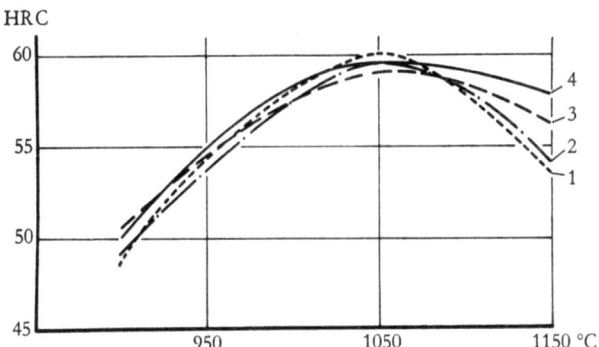

Abb. 38 Härte-Härtetemperatur-Kurven von Proben aus gewalztem Vormaterial

So weist die gewalzte Klinge bei Überhitzung kaum noch den beim gewalzten Vormaterial beobachteten stärkeren Härteabfall auf und ähnelt in diesem Verhalten den Proben aus geschmiedetem Vormaterial. Die Abb. 15 zeigt, daß tatsächlich auch eine ähnliche Gefügeausbildung vorliegt.

Das Material der gebreiteten Klingen verhält sich jedoch genau wie das gewalzte Vormaterial. Das Gefüge der bei 1050°C gehärteten Probe (Abb. 17) zeigt ebenfalls deutlich die starke Zeiligkeit, wie sie bereits beim gewalzten Vormaterial als Ursache für den beobachteten stärkeren Härteabfall bei Überhitzung angesehen wurde.

Die aus gewalztem Vormaterial geschlagenen und bei 1050°C gehärteten Klingen (Abb. 19) haben eine Gefügeausbildung, die zwischen den beiden vorher beschriebenen einzuordnen wäre, was auch dem Härtungsverhalten eindeutig entspricht.

Eine Einflußnahme der nachfolgenden Warmformgebung wird also nur deutlich bei dem vorher sehr ungleichmäßigen, gewalzten Vormaterial und wirkt sich hier in einer Verbesserung der Homogenität aus (gewalzte Klingen). Es ist sicher, daß hierin nicht nur ein Einfluß der Form, sondern auch der damit zwangsläufig verbundenen Wärmebehandlung deutlich wird.

Für die Praxis ergibt sich daraus als wichtigste Erkenntnis, daß bei einer Härtetemperatur von 1050°C, wie sie allgemein für diesen Stahl als üblich anzusehen ist, kaum Unterschiede in der Härte festzustellen sind. Wenn also die Vergütung einwandfrei erfolgt, dürfte kaum noch ein qualitativer Unterschied auf Grund der verschiedenen Formgebungsarten zu erwarten sein, soweit dies aus der Härte, als wichtigem Faktor, zu schließen ist.

2. Dilatometrische Untersuchungen

Es muß nach den bisherigen Ausführungen angenommen werden, daß der Grad der Ungleichmäßigkeit in der Karbidverteilung verschiedener Proben die Ursache für die beobachteten Unterschiede in der Härte ist. Zur Bestätigung sollen die Ergebnisse einiger Dilatometerversuche dienen. Die Untersuchungen wurden mit einer Dilatometeranordnung nach F. WEVER und A. ROSE durchgeführt [4].
Da sich in den vorangegangenen Versuchen ergeben hatte, daß die deutlichsten Unterschiede zwischen dem geschmiedeten und gewalzten Vormaterial zu beobachten waren, wurden diese auch für die Aufzeichnung des Umwandlungsverhaltens mit dem Dilatometer herangezogen.
Die nachfolgenden Abbildungen zeigen den für die Aussagen wichtigen Teil der Dilatometerkurven im Temperaturbereich der Martensitbildung. In Abb. 39

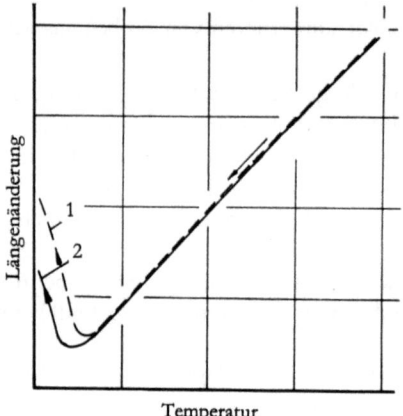

Abb. 39   Dilatometerkurven
Härtetemperatur 1050° C
1. geschmiedetes Vormaterial
2. gewalztes Vormaterial

werden zunächst die beiden Kurven für die Härtetemperatur 1050° C gezeigt. Sie unterscheiden sich unwesentlich, zeigen jedoch, daß bei dem gewalzten Material eine etwas langsamere Martensitbildung über einen etwas breiteren Temperaturbereich zu erfolgen scheint als bei dem geschmiedeten Material. Das weist schon hier auf einen ungleichförmigeren Aufbau des gewalzten Werkstoffes hin. Dadurch aber, daß bei diesen Austenitisierungstemperaturen noch genügend ungelöste Karbide vorliegen, kann sich die Zeiligkeit noch nicht so nachhaltig auswirken.
Anders ist das Bild bei einer Austenitisierungstemperatur von 1150° C. Die entsprechenden Dilatometerkurven sind in der Abb. 40 wiedergegeben. Hier ist ganz eindeutig zu erkennen, daß bei dem sehr homogenen Gefügezustand des

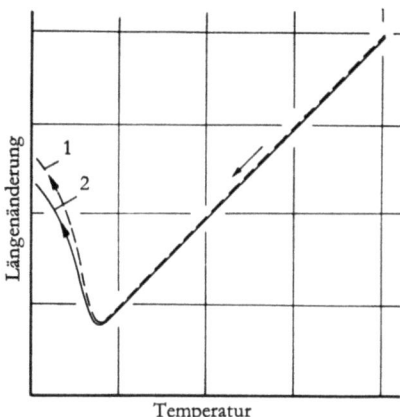

Abb. 40 Dilatometerkurven
Härtetemperatur 1150° C
1. geschmiedetes Vormaterial
2. gewalztes Vormaterial

geschmiedeten Materials die Martensitbildung sehr rasch einsetzt und in verhältnismäßig schmalem Temperaturbereich zu Ende läuft. Der Martensitpunkt liegt etwas höher als beim gewalzten Material. Letzteres zeigt einen langsamen Beginn der Martensitbildung. Das Minimum der Kurve liegt bei tieferen Temperaturen. Das deutet auf größere Mengen von Austenit höherer Konzentration hin und stellt damit eine Bestätigung für die beträchtliche Ungleichmäßigkeit dar. Bei Raumtemperatur ist die Probe noch nicht zur Hälfte umgewandelt, so daß größere Restaustenitmengen vorliegen. Der Ms-Punkt – die Temperatur des Beginns der Martensitbildung – ist von dem Legierungsgehalt des Austenits abhängig. Bei dem gewalzten Material setzt der Beginn der Austenitumwandlung in Martensit jedoch nur zögernd ein und dehnt sich über einen größeren Temperaturbereich aus. Das deutet darauf hin, daß bei diesem Material größere Unterschiede im Legierungsgehalt der einzelnen Austenitfelder bestehen und somit die Umwandlung in den verschiedenen Bereichen nicht gleichzeitig einsetzt.

3. Karbiduntersuchungen

Eine Betrachtung der bei den Wärmebehandlungen des vorliegenden Stahles auftretenden Phasen im Dreistoffsystem Eisen—Chrom—Kohlenstoff [5] zeigt, daß im Temperaturbereich um 1050° C der Phasenraum γ + Karbid $M_{23}C_6$ + Karbid M_7C_3 auftritt. Es besteht dementsprechend die Möglichkeit, daß die unterschiedlichen Formgebungsverfahren durch die damit verbundenen ebenfalls unterschiedlichen Wärmebehandlungen nicht nur die Anordnung und Größe der Karbide beeinflußt haben, sondern daß außer den im Gleichgewichtsfall einzig vorliegenden Karbiden des Typs $M_{23}C_6$ auch noch mehr oder weniger Reste von M_7C_3-Karbiden auftreten. Zur Klärung dieser Frage wurden die folgenden Untersuchungen durchgeführt, die darüber hinaus die Gelegenheit boten, in übermikroskopischer Betrachtung nochmals die Größenordnung und Verteilung der Karbide zu beobachten.

Von Proben aus dem geschmiedeten und gewalzten im Glühzustand angelieferten Vormaterial wurden Karbidauszüge hergestellt, bei denen die herausgeätzten Karbide lagerichtig in eine Lackabdrucksschicht übernommen werden [6]. In elektronenoptischen Durchstrahlungsaufnahmen ließ sich deutlich zeigen, daß im geschmiedeten Vormaterial ein erheblicher Anteil sehr kleiner Karbide vorliegt (Abb. 41), wogegen das gewalzte Vormaterial in der Hauptsache größere Karbide aufweist (Abb. 42).

Diese Unterschiede in der Größenordnung der Karbide wirken sich in dem Auflösungsverhalten bei der Wärmebehandlung aus. Dabei ist das Material mit den kleineren Karbiden im Sinne der Auflösung als günstiger zu bezeichnen. Das bestätigt erneut die Deutungsversuche über das unterschiedliche Härtungsverhalten dieser beiden Qualitäten.

Zur Feststellung der vorliegenden Karbidphasen wurden an etlichen Karbiden dieser Karbidauszüge im Elektronenmikroskop Feinbereichsbeugungsaufnahmen vorgenommen [6]. Die Ergebnisse der Strukturbestimmungen wiesen bei beiden Proben eindeutig nur das kubisch-flächenzentrierte Karbid vom Typ $M_{23}C_6$ aus. Zwar ließen sich einige sehr große Karbide nicht durchstrahlen, es ist jedoch nicht anzunehmen, daß es sich bei diesen um Karbide einer anderen Phase handelt.

Weiterhin wurden an den beiden Materialien Karbidisolierungen vorgenommen, wie sie seit langem als wichtiger Bestandteil der metallkundlichen Analyse durchgeführt werden [7 – 9]. Die Auflösung der Proben erfolgte anodisch unter jeweils gleichen Bedingungen in einem Elektrolyten von 3% Kaliumbromid und 0,5% Ascorbinsäure in wässeriger Lösung. Sie führte dabei zu unterschiedlichen Ausbeuten, die beim gewalzten Vormaterial 8,2%, dagegen beim geschmiedeten nur 7,2% betrugen. Bei diesem Lösungsprozeß werden geringfügig auch die Karbide selbst gelöst. Wenn unter gleichen Lösungsbedingungen beim geschmiedeten Material eine geringere Karbidmenge erhalten wurde, so muß das auf eine stärkere Auflösung der Karbide, die ihrerseits durch eine geringere Größe der Karbide begünstigt wird, zurückgeführt werden.

Die Isolate wurden einer Röntgenfeinstrukturuntersuchung nach DEBYE-SCHERRER unterworfen und dabei größere Karbidmengen, im Gegensatz zur Feinbereichsbeugung im Elektronenmikroskop, erfaßt. Auch diese Untersuchung ließ in beiden Proben nur $M_{23}C_6$-Karbide erkennen. Es wurden nebenher auch geringe Anteile des Chromnitrids Cr_2N festgestellt, das jedoch in beiden Proben in ziemlich gleicher Menge vorhanden war.

Wie die Ergebnisse dieser Versuche zeigen, liegt vom Vormaterial her neben den Größen- und Verteilungsunterschieden der Karbide kein zusätzlicher Einfluß durch verschiedene Karbidphasen vor.

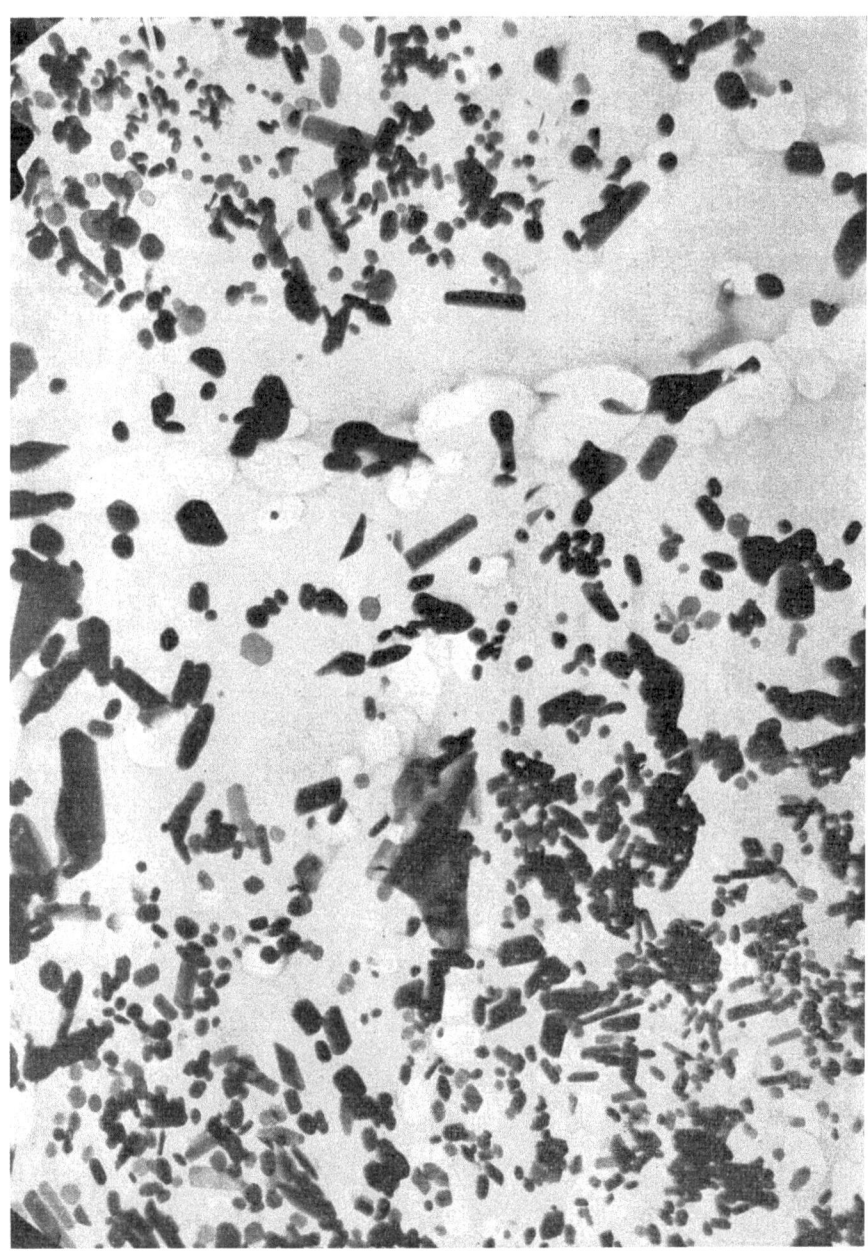

Abb. 41 Karbidanordnung im geschmiedeten Vormaterial
5000:1

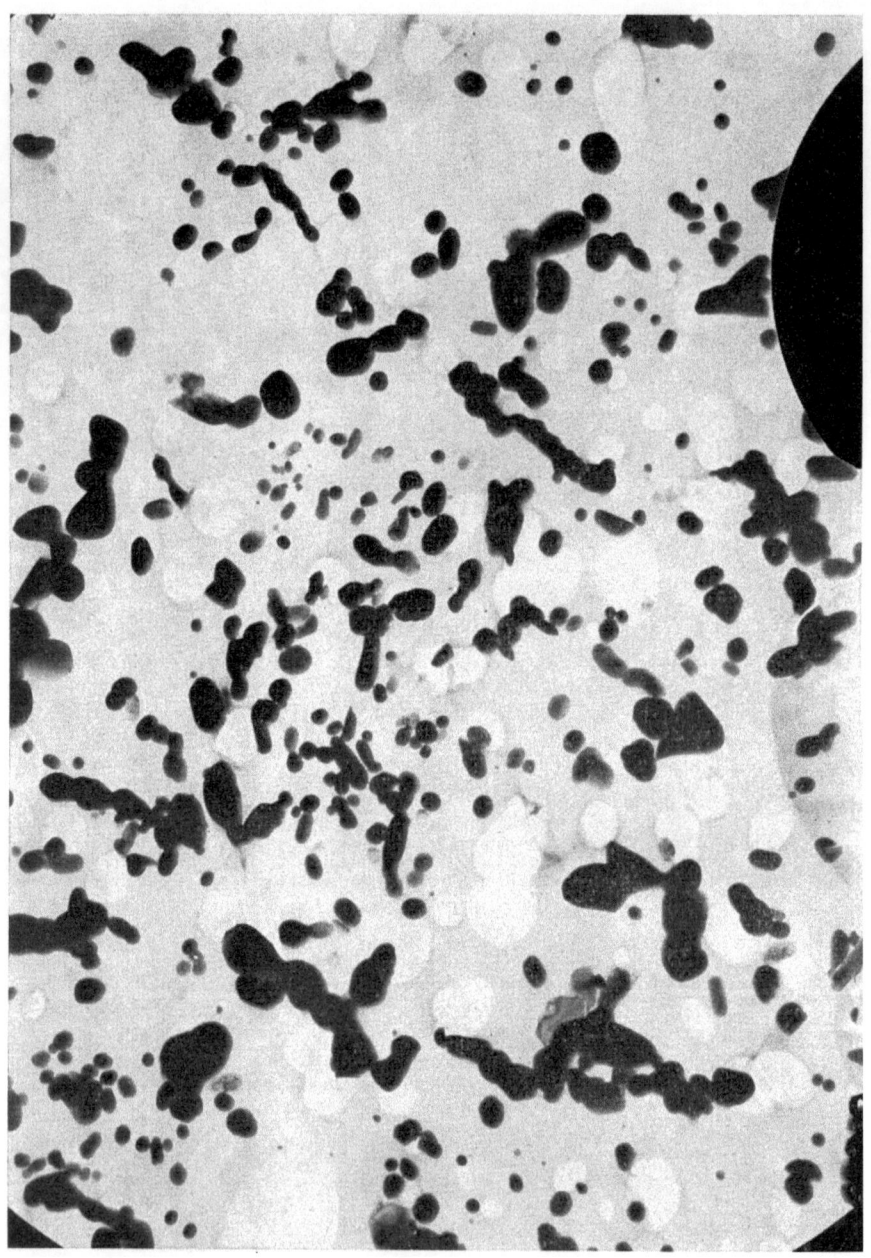

Abb. 42 Karbidanordnung im gewalzten Vormaterial
5000:1

V. Zusammenfassung

Bei Untersuchungen über den Einfluß unterschiedlicher Herstellungsweise auf die Qualität rostbeständiger Messer konnte festgestellt werden, daß in geringem Maße die Gefügeausbildung, besonders die Karbidverteilung und -größe, verschieden vorliegt.

In metallographischen Untersuchungen wurden die einzelnen Herstellungsstufen bis zum vergüteten Messer verfolgt. Bereits das gewalzte und geschmiedete Vormaterial unterscheiden sich im Gefüge, besonders in der Gleichmäßigkeit der Karbidverteilung, die beim geschmiedeten Material erheblich besser ist. Es hat sich gezeigt, daß diese Merkmale durch die nachfolgende Warmverformung nicht ganz beseitigt werden. Die verschiedenen Herstellungsverfahren beeinflussen das Gefüge vor allem in der Korngröße des Austenits, die durch die Karbidausscheidungen an den Korngrenzen auch noch nach dem Glühen deutlich gekennzeichnet sind. Mit einem Teil erheblich größerer zeilig angeordneter Karbide unterscheidet sich das Gefüge des doppelkonischen Bandmaterials von den Glühgefügen der anderen nach den verschiedenen Verfahren hergestellten Klingen. Die nur geringen Unterschiede sind an den Härtungsgefügen noch etwas deutlicher zu erkennen.

Überprüfungen der Härte, der Korrosionsbeständigkeit und der Schneideigenschaften ließen jedoch in dieser Hinsicht keine Auswirkungen sichtbar werden. Eine im Betrieb durchgeführte Härtung war ungleichmäßig erfolgt. Die erzielten Härtewerte zeigten größere Streuungen, die mit dem Ausgangsmaterial in gewissem Zusammenhang standen. Daraufhin wurde das Härtungsverhalten dieser Proben, die aus der gleichen Charge stammen und sich durch verschiedene Formgebungsbehandlungen unterscheiden, näher untersucht.

In Härte-Härtetemperatur-Kurven konnten die drei verschiedenen Vormaterialien – gewalztes und geschmiedetes Flachmaterial sowie doppelkonisch gewalztes Bandmaterial – in ihren Eigenschaften deutlich unterschieden werden. Daraus erklärte sich auch das Verhalten der Messer bei der recht ungleichmäßigen Härtung im Betrieb, wobei die aus gewalztem Vormaterial hergestellten Messer auf die Schwankungen der Härtebedingungen wesentlich empfindlicher in der erzielten Härte reagierten als die aus geschmiedetem Vormaterial gefertigten Messer.

Dilatometrische Messungen ließen erkennen, daß die Unterschiede in der Gleichmäßigkeit der Karbidverteilung zwischen dem geschmiedeten und dem gewalzten Flachmaterial einen merklichen Einfluß auf die Martensitbildung ausüben. Dieser Unterschied ist bei der üblicherweise verwendeten Härtungstemperatur von 1050°C noch kaum von Bedeutung, ist aber bei 1150°C ganz eindeutig zu erkennen.

Die nachfolgenden Warmformgebungen haben bei dem – im Gefüge ungleichmäßigen – gewalzten Vormaterial zum Teil zu einer Verbesserung im Hinblick auf die Gleichmäßigkeit des Werkstoffes geführt. Eine negative Beeinflussung des bereits recht gleichmäßigen geschmiedeten Vormaterials durch die spätere Warmformgebung wurde nicht festgestellt.

Die vorliegenden Untersuchungen haben sich ausschließlich an dem Probenmaterial eines speziellen Falles orientiert. Es ist sicher, daß die beobachteten Unterschiede im Gefüge nicht alle unbedingt als typisch für die Art der Formgebung angesehen werden können, sondern auch von der zwangsläufig mit auftretenden Wärmebehandlung mit beeinflußt werden.

Die Untersuchungen konnten aber Hinweise dafür geben, inwieweit das Auflösungsverhalten der Karbide von der Gleichmäßigkeit ihrer Verteilung im Stahl abhängt. Wenn auch Auswirkungen auf andere Eigenschaften, wie Härte, Schneideigenschaften usw., erst im Gebiet der Überhitzung spürbar geworden sind, so beanspruchen derartige Untersuchungen doch ein grundsätzliches Interesse. In späteren Arbeiten soll diesen Zusammenhängen weiter nachgegangen werden, um Erkenntnisse zu gewinnen, die, über ihren allgemein theoretischen Wert hinaus, im Hinblick auf eine betriebliche Anwendung Bedeutung haben.

Direktor Dipl.-Ing. HANS STÜDEMANN
Dr.-Ing. FRITZ ESSELBORN

VI. Literaturverzeichnis

[1] Stüdemann, H., und F. Esselborn, Untersuchungen über den Einfluß unterschiedlicher Herstellungsverfahren auf die Qualität rostbeständiger Messer. Forschungsberichte des Landes Nordrhein-Westfalen, Heft 1353; s. a. Untersuchungen über den Einfluß der Formgebung und Wärmebehandlung auf die Eigenschaften von Messerklingen aus rostbeständigem Chromstahl, Dr.-Ing.-Dissertation von F. Esselborn, Technische Hochschule Aachen (1961).

[2] Stüdemann, H., und F. Esselborn, Untersuchungen über den Einfluß der Zusammensetzung und Gefügeausbildung auf das Härtungsverhalten des Stahles X 40 Cr 13. Forschungsberichte des Landes Nordrhein-Westfalen, Heft 1089.

[3] Stüdemann, H., und F. Esselborn, Die Ergebnisse von Schneideigenschaftsprüfungen in ihrer Abhängigkeit von der geometrischen Form des Messers und die Einflüsse von Karbidverteilung und -größe auf die Schneideigenschaften. Forschungsberichte des Landes Nordrhein-Westfalen, Heft 1352; s. a. Untersuchungen über den Einfluß der Formgebung und Wärmebehandlung auf die Eigenschaften von Messerklingen aus rostbeständigem Chromstahl, Dr.-Ing.-Dissertation von F. Esselborn, Technische Hochschule Aachen (1961).

[4] Atlas zur Wärmebehandlung der Stähle, herausgegeben vom Max-Planck-Institut für Eisenforschung in Zusammenarbeit mit dem Werkstoffausschuß des Vereins Deutscher Eisenhüttenleute. Teil I von F. Wever und A. Rose, Düsseldorf 1954, 1956 und 1958.

[5] Bungardt, K., E. Kunze und H. Horn, Arch. Eisenhüttenw. 29 (1958), S. 193–203.

[6] Reimer, L., Elektronenmikroskopische Untersuchungs- und Präparationsmethoden. Springer Verlag, Berlin–Göttingen–Heidelberg 1959.

[7] Klinger, P., und W. Koch, Beiträge zur metallkundlichen Analyse. Verlag Stahleisen, Düsseldorf 1949.

[8] Koch, W., Stahl und Eisen 69 (1949), S. 1–8.

[9] Koch, W., und H. Sundermann, Arch. Eisenhüttenw. 28 (1957), S. 557–566.

FORSCHUNGSBERICHTE
DES LANDES NORDRHEIN-WESTFALEN

Herausgegeben im Auftrage des Ministerpräsidenten Dr. Franz Meyers
von Staatssekretär Prof. Dr. h. c. Dr.-Ing. E. h. Leo Brandt

EISENVERARBEITENDE INDUSTRIE

HEFT 39
Forschungsgesellschaft Blechverarbeitung e. V., Düsseldorf
Aus den Arbeiten des Instituts für Werkzeugmaschinen an der Technischen Hochschule Hannover
Untersuchungen an prägegemusterten und vorgelochten Blechen
1953. 40 Seiten, 34 Abb. DM 9,50

HEFT 43
Forschungsgesellschaft Blechverarbeitung e. V., Düsseldorf
Forschungsergebnisse über das Beizen von Blechen
1953. 41 Seiten, 38 Abb., 3 Tabellen. Vergriffen

HEFT 51
Verein zur Förderung von Forschungs- und Entwicklungsarbeiten in der Werkzeugindustrie e. V., Remscheid
Untersuchungen an Kreissägeblättern für Holz, Fehler- und Spannungsprüfverfahren
1953. 39 Seiten, 23 Abb. DM 10,—

HEFT 56
Forschungsgesellschaft Blechverarbeitung e. V., Düsseldorf
Untersuchungen über einige Probleme der Behandlung von Blechoberflächen
1953. 41 Seiten, 42 Abb. DM 11,20

HEFT 60
Forschungsgesellschaft Blechverarbeitung e. V., Düsseldorf
Untersuchungen über das Spritzlackieren im elektrostatischen Hochspannungsfeld
1954. 82 Seiten, 53 Abb., 7 Tabellen. Vergriffen

HEFT 61
Verein zur Förderung von Forschungs- und Entwicklungsarbeiten in der Werkzeugindustrie e. V., Remscheid
Schwingungs- und Arbeitsverhalten von Kreissägeblättern für Holz I
1953. 43 Seiten, 31 Abb. DM 11,40

HEFT 65
Fachverband Schneidwarenindustrie, Solingen
Untersuchungen über das elektrolytische Polieren von Tafelmesserklingen aus rostfreiem Stahl
1954. 79 Seiten, zahlreiche Abb., 9 Tabellen. DM 17,35

HEFT 87
Gemeinschaftsausschuß Verzinken, Düsseldorf
Untersuchungen über Güte von Verzinkungen
1954. 56 Seiten, 56 Abb., 3 Tabellen. Vergriffen

HEFT 98
Fachverband Gesenkschmieden, Hagen
Die Arbeitsgenauigkeit beim Gesenkschmieden unter Hämmern
1954. 117 Seiten, 55 Abb., 9 Tabellen. DM 24,75

HEFT 116
Prof. Dr.-Ing. E. Siebel und Dr.-Ing. Helmut Weiss, Stuttgart
Untersuchungen an einigen Problemen des Tiefziehens — I. Teil
1955. 59 Seiten, 50 Abb., 6 Tabellen. DM 14,50

HEFT 117
Dr.-Ing. H. Beißwänger, Stuttgart und
Dr.-Ing. S. Schwandt, Trier
Untersuchungen an einigen Problemen des Tiefziehens — II. Teil
1954. 77 Seiten, 34 Abb., 8 Tabellen. DM 17,70

HEFT 150
Prof. Dr.-Ing. Otto Kienzle und
Dipl.-Ing. F. Wilhelm Timmerbeil, Hannover
Das Durchziehen enger Kragen an ebenen Fein- und Mittelblechen
1955. 39 Seiten, 20 Abb., 8 Tabellen. DM 11,30

HEFT 177
Dipl.-Ing. Hans Stüdemann, Solingen und
Dr.-Ing. W. Müchler, Essen
Entwicklung eines Verfahrens zur zahlenmäßigen Bestimmung der Schneideigenschaften von Messerklingen
1956. 92 Seiten, 68 Abb., 4 Tabellen. DM 22,20

HEFT 224
Dipl.-Ing. Hans Stüdemann und Ing. R. Beu, Forschungsinstitut für die Schneidwarenindustrie an der Fachschule für Metallgestaltung und Metalltechnik, Solingen
Verfahren zur Prüfung der Korrosionsbeständigkeit von Messerklingen aus rostfreiem Stahl
1956. 82 Seiten, 28 Abb. DM 16,90

HEFT 225
Dr.-Ing. Eginhard Barz, Remscheid
Der Spannungszustand von Gattersägeblättern
1956. 63 Seiten, 54 Abb. DM 16,50

HEFT 277
Dr.-Ing. W. Müchler, Forschungsinstitut für Metallgestaltung und Metalltechnik, Solingen
Direktor: Dipl.-Ing. Hans Stüdemann
Untersuchung und zahlenmäßige Bestimmung der Schneideigenschaften von Messern mit besonderer Berücksichtigung rostfreier Messerstähle
1956. 47 Seiten, 27 Abb., 5 Tabellen. DM 13,20

HEFT 283
Prof. Dr. phil. Franz Wever und
Dr.-Ing. Werner Lueg, Max-Planck-Institut für Eisenforschung, Düsseldorf
Warmstauchversuche zur Ermittlung der Formänderungsfestigkeit von Gesenkschmiede-Stählen
1956. 31 Seiten, 19 Abb. DM 9,90

HEFT 285
Prof. Dr.-Ing. Otto Kienzle, Dr.-Ing. Kurt Lange und Dipl.-Ing. Helmut Meinert, Institut für Werkzeugmaschinen und Umformtechnik der Technischen Hochschule Hannover
Einfluß der Oberfläche auf das Verschleißverhalten von Schmiedegesenken
1956. 50 Seiten, 29 Abb., 8 Tabellen. DM 14,60

HEFT 286
Dr.-Ing. Kurt Lange, Dipl.-Ing. Helmut Meinert, unter Mitarbeit von Dr.-Ing. Heinz Arend, Institut für Werkzeugmaschinen und Umformtechnik der Technischen Hochschule Hannover
Verschleißverhalten hartverchromter Schmiedegesenke
1956. 62 Seiten, 53 Abb., 6 Tabellen. DM 17,65

HEFT 321
Prof. Dr. phil. Franz Wever und
Dr. phil. Wolfgang Wepner, Max-Planck-Institut für Eisenforschung, Düsseldorf
Gleichzeitige Bestimmung kleiner Kohlenstoff- und Stickstoffgehalte im α-Eisen durch Dämpfungsmessung
1956. 17 Seiten, 4 Abb., 3 Tabellen. DM 6,80

HEFT 322
Prof. Dr.-Ing. Franz Bollenrath und
Dipl.-Ing. Wilhelm Domke, Aachen
Eigenspannungen in vergüteten, dickwandigen Stahlzylindern nach Oberflächenhärtung mit induktiver Erwärmung
1956. 17 Seiten, 9 Abb., 2 Tabellen. DM 6,90

HEFT 360
Dr.-Ing. Eginhard Barz, Remscheid
Fertigungsverfahren und Spannungsverlauf bei Kreissägeblättern für Holz
1957. 68 Seiten, 40 Abb., DM 17,—

HEFT 367
Dr. rer. nat. Dietrich Horstmann, Max-Planck-Institut für Eisenforschung und Gemeinschaftsausschuß Verzinken, Düsseldorf
Der Angriff eisengesättigter Zinkschmelzen auf kohlenstoff-, schwefel- und phosphorhaltiges Eisen
1957. 42 Seiten, 22 Abb., 6 Tabellen. DM 12,85

HEFT 375
Technischer Überwachungs-Verein e.V., Essen
Wanddickenmessungen mittels radioaktiver Strahlen und Zählrohrgerät
1958. 24 Seiten, 15 Abb. DM 9,55

HEFT 376
Technischer Überwachungs-Verein e.V., Essen
Wasserumlaufprobleme an Hochdruckkesseln
1958. 126 Seiten, 56 Abb., 8 Tabellen. DM 32,60

HEFT 377
Technischer Überwachungs-Verein e.V., Essen
Versuche an Wanderrostkesseln mit befeuchteter Verbrennungsluft
1958. 35 Seiten, 19 Abb., 2 Tabellen. DM 12,20

HEFT 395
Dipl.-Ing. Ludwig Hahn, Clausthal-Zellerfeld
Untersuchungen zur Frage des optimalen Bohrloch- und Patronendurchmessers
1957. 119 Seiten, 49 Abb., 19 Tabellen. DM 31,25

HEFT 445
Dr. Ing. Eginhard Barz, Remscheid
Fertigungs- und Prüfverfahren für Feilen
Vergriffen

HEFT 447
Prof. Dr.-Ing. Franz Bollenrath, Aachen
Dr.-Ing. H. Füllenbach, Seesen und
Dipl.-Ing. J. Schumacher
Entwicklung rationell arbeitender Spritzkabinen
1958. 44 Seiten, 26 Abb. Vergriffen

HEFT 473
Prof. Dr. phil. Franz Wever, Dr.-Ing. Werner Lueg und Dipl.-Ing. Paul Funke jr., Max-Planck-Institut für Eisenforschung, Düsseldorf
Versuche an einer hydraulischen 25-t-Stangenziehbank
1957. 22 Seiten, 11 Abb. DM 8,95

HEFT 557
Dr.-Ing. Hans Schiffers, Dipl.-Ing. Dieter Ammann, Dipl.-Ing. Erich Brugger und Dipl.-Ing. Rudolf Dicke, Gießerei-Institut der Rhein.-Westf. Technischen Hochschule Aachen
Härtbarkeit von Gußeisen mit Lamellen- und Kugelgraphit in Abhängigkeit von Zusammensetzung und Gefüge
1958. 29 Seiten, 24 Abb., 1 Tabelle. DM 11,—

HEFT 630
Prof. Dr. phil. Walter Koch und Dr. techn. Dipl.-Ing. Hanns Malissa, Max-Planck-Institut für Eisenforschung, Düsseldorf
Beiträge zur Spurenanalyse im Reinsteisen
1958. 25 Seiten, 8 Tabellen. DM 7,60

HEFT 639
Prof. Dr.-Ing. habil. Karl Krekeler, Dr.-Ing. Heinz Peukert und Dipl.-Ing. Otto Schwarz, Institut für Kunststoffverarbeitung an der Rhein.-Westf. Technischen Hochschule Aachen
Auswertung der in- und ausländischen Literatur auf dem Gebiete des Metallklebens
1958. 152 Seiten. Vergriffen

HEFT 655
Dr. rer. pol. A. Theodor Wuppermann, Prof. Dr.-Ing. M. Pfender und Reg.-Rat Dipl.-Ing. E. Amedick, Im Auftrage des Vereins Deutscher Eisenhüttenleute, Düsseldorf
Untersuchung des Einflusses von Oberflächenfehlern auf die Dauerhaltbarkeit von Kurbelwellen
1958. 48 Seiten, 101 Abb., 4 Tabellen. DM 10,—

HEFT 680
Prof. Dr. phil. Walter Koch, Dr.-Ing. Angelika Schrader, Dr.-Ing. habil. Alfred Krisch und Dipl.-Phys. Helmut Rohde, Max-Planck-Institut für Eisenforschung, Düsseldorf
Änderungen im Gefügeaufbau austenitischer Chrom-Nickel-Stähle bei Zeitstandversuchen von mehrjähriger Dauer
1959. 37 Seiten, 23 Abb., 5 Tabellen. DM 12,20

HEFT 681
Prof. Dr.-Ing. Dr.-Ing. E. h. Hermann Schenk und Dr.-Ing. Werner Wenzel, Institut für Eisenhüttenwesen der Rhein.-Westf. Technischen Hochschule Aachen
Die Reduktion von Eisenerzen im Elektro-Fließbett
1959. 76 Seiten, 20 Abb., 12 Tabellen. DM 19,60

HEFT 693
Prof. Dr.-Ing. Otto Kienzle, Dr.-Ing. Friedrich Wilhelm Timmerbeil und Dr.-Ing. Thomas Jordan, Hannover
Einige Untersuchungen über das Schneiden von Blechen
1959. 55 Seiten, 54 Abb., 3 Tabellen. DM 17,40

HEFT 702
Prof. Dr. phil. Walter Koch und Dipl.-Phys. Dr. rer. nat. Hans Lüdering, Max-Planck-Institut für Eisenforschung, Düsseldorf
Statistische Auswertung von Thomasroheisenproben guter und schlechter Verblasbarkeit
1959. 20 Seiten, 3 Abb., 3 Tabellen. DM 6,50

HEFT 703
Prof. Dr. phil. Walter Koch und Dipl.-Phys. Dr. phil. Heinz Sundermann, Max-Planck-Institut für Eisenforschung, Düsseldorf
Isolierungstechnische Untersuchungen an Thomasroheisen
1959. 28 Seiten, 16 Abb., 1 Tabelle. DM 9,—

HEFT 705
Dr.-Ing. Karl Ernst Mayer, Dr.-Ing. Helmut Knüppel, Ing. Arthur Stumpf, Dortmund-Hörder-Hüttenunion AG., Dortmund, und Prof. Dr. phil. Walter Koch, Max-Planck-Institut für Eisenforschung, Düsseldorf
Wege zur automatischen Überwachung des Thomasverfahrens
1959. 56 Seiten, 20 Abb., 7 Tabellen. DM 14,80

HEFT 714
Prof. Dr.-Ing. Wilhelm Patterson, Gießerei-Institut der Rhein.-Westf. Technischen Hochschule Aachen
Wirkung einer Gasspülung auf den Magnesiumverbrauch bei der Herstellung von Gußeisen mit Kugelgraphit
1959. 44 Seiten, 35 Abb., 14 Tabellen. DM 13,40

HEFT 728
Dr.-Ing. Klaus Spies, Dortmund
Die Zwischenformen beim Gesenkschmieden und ihre Herstellung durch Formwalzen
1959. 113 Seiten, 61 Abb., 2 Tabellen. DM 29,60

HEFT 740
Dr. rer. nat. Dietrich Horstmann, Max-Planck-Institut für Eisenforschung und Gemeinschaftsausschuß Verzinken, Düsseldorf
Einfluß einiger Eisen- und Zinkbegleiter auf Größe und Art des Zinkangriffs auf Eisen
1959. 38 Seiten, 22 Abb., 1 Tabelle. DM 12,60

HEFT 741
Dipl.-Ing. Hans Stüdemann, Dipl.-Ing. Fritz Esselborn und Ing. Hermann Hartmann, Forschungsinstitut an der Fachschule für Metallgestaltung und Metalltechnik, Solingen
Untersuchungen zur Prüfung der Korrosionsbeständigkeit rostbeständiger Besteckbleche aus Chromstahl
1959. 31 Seiten, 30 Abb., 4 Tabellen. DM 10,30

HEFT 742
Dr.-Ing. Eginhard Barz, Verein zur Förderung von Forschungs- und Entwicklungsarbeiten in der Werkzeugindustrie e.V., Remscheid
Schneideigenschaften von schneidenden Zangen und Prüfverfahren
1959. 66 Seiten, 40 Abb., 4 Tabellen. DM 18,40

HEFT 757
Dr.-Ing. Angelika Schrader und
Dr.-Ing. habil. Alfred Krisch, Max-Planck-Institut für Eisenforschung, Düsseldorf
Mikroskopische Beobachtungen von Ausscheidungen in austenitischen und ferritischen Stählen nach dem Kriechversuch
1959. 21 Seiten, 22 Abb., 1 Tabelle. DM 8,60

HEFT 780
Prof. Dr. phil. Franz Wever, Dr.-Ing. Werner Lueg und
Dr.-Ing. Paul Funke, Max-Planck-Institut für Eisenforschung, Düsseldorf
Untersuchung von Walzölen und Walzölemulsionen im Kaltwalzversuch
1959. 68 Seiten, 28 Abb., mehr. Tabellen. DM 18,50

HEFT 781
Verein zur Förderung von Forschungs- und Entwicklungsarbeiten in der Werkzeugindustrie e. V., Remscheid
Verformungseinflüsse bei der Feilenherstellung
1959. 65 Seiten, 39 Abb. DM 20,-

HEFT 840
Prof. Dr. phil. Franz Wever,
Dr.-Ing. Hans-Günter Müller und
Dr.-Ing. Paul Funke, Max-Planck-Institut für Eisenforschung, Düsseldorf
Versuchsmäßige und rechnerische Bestimmung von Walzkraft und Drehmoment unter Einwirkung von Bandzugspannungen beim Kaltwalzen von Bandstahl
1960. 36 Seiten, 12 Abb., 3 Tafeln. DM 10,90

HEFT 841
Dr. rer. nat. Hubert Blanck, Max-Planck-Institut für Eisenforschung, Düsseldorf
Untersuchungen zur Kinetik des Martensitzerfalls
1960. 33 Seiten, 11 Abb., kart. DM 10,30

HEFT 848
Dipl.-Ing. Hans-Jochen Stöter, Institut für Werkzeugmaschinen und Umformtechnik der Technischen Hochschule Hannover
Untersuchung des Schmiedevorganges in Hammer und Presse, insbesondere hinsichtlich des Steigens
1960. 133 Seiten, 62 Abb., 8 Tabellen. DM 35,60

HEFT 889
Dr.-Ing. Werner Hufschmidt, Lehrstuhl für Heizung und Lüftung an der Rhein.-Westf. Technischen Hochschule Aachen
Die Eigenschaften von Rippenrohrluftkühlern im Arbeitsbereich der Klimaanlage
1960. 125 Seiten, 37 Abb. DM 33,30

HEFT 890
Dr.-Ing. Heinz Meyer, Institut für Werkzeugmaschinen und Umformtechnik, Technische Hochschule Hannover
Untersuchungen über den Umformvorgang in Waagerecht-Stauchmaschinen
1960. 75 Seiten, 61 Abb., 3 Tabellen. DM 21,90

HEFT 916
Dipl.-Ing. Hans-Joachim Crasemann, Forschungsstelle Blechbearbeitung am Institut für Werkzeugmaschinen und Umformtechnik der Technischen Hochschule Hannover
Direktor: Prof. Dr.-Ing. Dr.-Ing. E. h. Otto Kienzle
Der offene, kreuzende Scherschnitt an Blechen
1960. 138 Seiten, 66 Abb., 10 Tabellen. DM 40,70

HEFT 1000
Dipl.-Ing. Hartmut Tolkien, Institut für Werkzeugmaschinen und Umformtechnik der Technischen Hochschule Hannover
Direktor: Prof. Dr.-Ing. Dr.-Ing. E. h. Otto Kienzle
Schmierwirkungen in Schmiedegesenken
1961. 150 Seiten, 75 Abb., 2 Tabellen, 1 Anhang. DM 44,90

HEFT 1004
Dr.-Ing. Eginhard Barz, Verein zur Förderung von Forschungs- und Entwicklungsarbeiten in der Werkzeugindustrie e. V., Remscheid
Untersuchung von Schraubendrehern und Schraubenverbindungen
1961. 68 Seiten, 26 Abb., 12 Tabellen. DM 22,30

HEFT 1027
Dr.-Ing. Eginhard Barz, Verein zur Förderung von Forschungs- und Entwicklungsarbeiten in der Werkzeugindustrie e. V., Remscheid
Prüfung von Feilen
1961. 57 Seiten, 23 Abb., 7 Tabellen. DM 20,50

HEFT 1028
Dr.-Ing. Siegfried Stendorf, Verein zur Förderung von Forschungs- und Entwicklungsarbeiten in der Werkzeugindustrie e. V., Remscheid
Das Gleitstauchen von Schneidezähnen an Sägen für Holz
1961. 138 Seiten, 85 Abb., 9 Tabellen. DM 47,10

HEFT 1056
Dr.-Ing. Oskar Pawelski und Dr.-Ing. Werner Lueg †, Max-Planck-Institut für Eisenforschung, Düsseldorf
Der Spannungszustand beim Ziehen und Einstoßen von runden Stangen
1962. 106 Seiten, 35 Abb., 10 Tabellen. DM 33,60

HEFT 1089
Direktor Dipl.-Ing. Hans Stüdemann und
Dr.-Ing. Fritz Esselborn, Forschungsinstitut an der Fachschule für Metallgestaltung und Metalltechnik, Solingen
Untersuchungen über den Einfluß der Zusammensetzung und Gefügeausbildung auf das Härtungsverhalten des Stahles X 40 Cr 13
1962. 37 Seiten, 37 Abb., 8 Tabellen. DM 17,—

HEFT 1091
Dipl.-Ing. Kurt Buchmann, Forschungsgesellschaft Blechverarbeitung e. V., Düsseldorf
Beitrag zur Verschleißbeurteilung beim Schneiden von Stahlfeinblechen
1962. 126 Seiten, 77 Abb. DM 71,40

HEFT 1129
Prof. Dr.-Ing. Joseph Mathieu, Forschungsinstitut für Rationalisierung an der Rhein.-Westf. Technischen Hochschule, Aachen, im Auftrage des Fachverbandes Gesenkschmieden im Wirtschaftsverband Stahlverformung, Hagen
Richtwerte für eine Platzkostenrechnung in der Gesenkschmiedeindustrie
1963. 54 Seiten, 7 Tabellen, 52 Seiten tabellarischer Anhang. DM 63,30

HEFT 1140
Direktor Dipl.-Ing. Hans Stüdemann und Dipl.-Ing. Fritz Esselborn, Forschungsinstitut an der Fachschule für Metallgestaltung und Metalltechnik, Solingen
Einflüsse der Prüfbedingungen auf die Ergebnisse von Schneideigenschaftsprüfungen an Messern
1962. 33 Seiten, 24 Abb. DM 14,80

HEFT 1162
Prof. Dr.-Ing. Dr.-Ing. E. h. Otto Kienzle und Dipl.-Ing. Manfred Meyer, im Auftrage der Forschungsgesellschaft Blechverarbeitung e.V., Düsseldorf
Verfahren zur Erzielung glatter Schnittflächen beim vollkantigen Schneiden von Blech
1963. 114 Seiten, 71 Abb., 6 Tabellen. DM 60,40

HEFT 1164
Dr.-Ing. Eginhard Barz u. a., Verein zur Förderung von Forschungs- und Entwicklungsarbeiten in der Werkzeugindustrie e.V., Remscheid
Teil I: Arbeitsverhalten von scheibenförmigen Werkzeugen
Teil II: Schnittversuche von verleimten Holzwerkzeugen
1963. 90 Seiten, 16 Abb., 6 Tabellen. DM 44,80

HEFT 1171
Prof. Dr.-Ing., Dr.-Ing E. h. Otto Kienzle und Dipl.-Ing. Kurt Haverbeck, Hannover, im Auftrage der Forschungsgesellschaft Blechverarbeitung e.V., Düsseldorf
Das Herstellen von Außenborden an Blechteilen zwischen Stempel und Ring
1963. 96 Seiten, 58 Abb. DM 54,50

HEFT 1347
Dr. rer. nat. Dietrich Horstmann, Max-Planck-Institut für Eisenforschung und Gemeinschaftsausschuß Verzinken, Düsseldorf
Allgemeine Gesetzmäßigkeiten des Einflusses von Eisenbegleitern auf die Vorgänge beim Feuerverzinken

HEFT 1348
Prof. Dr.-Ing. Dr. h. c. Herwart Opitz, Dr.-Ing. Wilfried König und Dipl.-Ing. D. Neumann Laboratorium für Werkzeugmaschinen und Betriebslehre der Rhein.-Westf. Technischen Hochschule Aachen
Einfluß verschiedener Schmelzen auf die Zerspanbarkeit von Gesenkschmiedestücken
In Vorbereitung

HEFT 1349
Dr.-Ing. Tin Ming Wu, Forschungsstelle Gesenkschmieden an der Technischen Hochschule Hannover
Untersuchungen über das Auftragsschweißen von Gesenken für Schmiedestücke aus Stahl
In Vorbereitung

HEFT 1350
Prof. Dr. phil. Karl Löhberg, Dipl.-Ing. Klaus Röbrig und Dr.-Ing. Peter Sahm, Institut für Gießereikunde der Technischen Universität, Berlin
Über die Keimbildung in unlegiertem Kupfer und unlegiertem Eisen
In Vorbereitung

HEFT 1352
Direktor Dipl.-Ing. Hans Stüdemann und Dr.-Ing. Fritz Esselborn, Forschungsinstitut an der Fachschule für Metallgestaltung und Metalltechnik, Solingen
Die Ergebnisse von Schneideigenschaftsprüfungen an Messern unter Berücksichtigung des Einflusses der geometrischen Form des Messers und des Einflusses der Karbidverteilung und -größe im Werkstoff
In Vorbereitung

HEFT 1353
Direktor Dipl.-Ing. Hans Stüdemann und Dr.-Ing. Fritz Esselborn, Forschungsinstitut an der Fachschule für Metallgestaltung und Metalltechnik, Solingen
Untersuchungen über den Einfluß unterschiedlicher Herstellungsverfahren auf die Qualität rostbeständiger Messer

HEFT 1354
Direktor Dipl.-Ing. Hans Stüdemann und Dr.-Ing. Fritz Esselborn, Forschungsinstitut an der Fachschule für Metallgestaltung und Metalltechnik, Solingen
Untersuchungen über den Einfluß der Wärmebehandlung in Zusammenhang mit unterschiedlicher Herstellung auf die Eigenschaften von rostbeständigen Messern

HEFT 1355
Dr.-Ing. habil. Alfred Krisch, Max-Planck-Institut für Eisenforschung, Düsseldorf
Kriechverhalten, Gefügeänderungen und Risse bei mehrjährigen Zeitstandversuchen

HEFT 1381
Dr.-Ing. Heinz Meyer-Nolkemper, Forschungsstelle Gesenkschmieden an der Technischen Hochschule Hannover
Im Auftrag des Fachverbandes Gesenkschmieden im Wirtschaftsverband Stahlverformung, Hagen
Dornen in Waagerecht-Stauchmaschinen
In Vorbereitung

HEFT 1413
Dr. rer. nat. Dietrich Horstmann und Dipl.-Ing. Ulrich Krause, Max-Planck-Institut für Eisenforschung und Gemeinschaftsausschuß Verzinken, Düsseldorf
Einfluß von Oberflächenrauhheit und Glühbehandlung auf die Güte verzinkter Bleche
In Vorbereitung

HEFT 1421
Dr.-Ing. H. Füllenbach, H. Lange, H. Parthey und I. N. Stanski, Forschungsgesellschaft Blechverarbeitung e.V., Düsseldorf
Metallurgische und technologische Untersuchungen an Weichloten
In Vorbereitung

Verzeichnisse der Forschungsberichte aus folgenden Gebieten können beim Verlag angefordert werden:
Acetylen/Schweißtechnik – Arbeitswissenschaft – Bau/Steine/Erden – Bergbau – Biologie – Chemie – Eisenverarbeitende Industrie – Elektrotechnik/Optik – Energiewirtschaft – Fahrzeugbau/Gasmotoren – Farbe/Papier/Photographie – Fertigung – Funktechnik/Astronomie – Gaswirtschaft – Holzbearbeitung – Hüttenwesen/Werkstoffkunde – Kunststoffe – Luftfahrt/Flugwissenschaften – Luftreinhaltung – Maschinenbau – Mathematik – Medizin/Pharmakologie/NE-Metalle – Physik – Rationalisierung – Schall/Ultraschall – Schiffahrt – Textiltechnik/Faserforschung/Wäschereiforschung – Turbinen – Verkehr – Wirtschaftswissenschaft

WESTDEUTSCHER VERLAG · KÖLN UND OPLADEN
567 Opladen/Rhld., Ophovener Straße 1–3

If you have any concerns about our products,
you can contact us on
ProductSafety@springernature.com

In case Publisher is established outside the EU,
the EU authorized representative is:
**Springer Nature Customer Service Center GmbH
Europaplatz 3, 69115 Heidelberg, Germany**

Printed by Libri Plureos GmbH
in Hamburg, Germany